Michael Hulek

Klauengesundheit & Klauenpflege

Stocker

Michael Hulek

Klauengesundheit & Klauenpflege

Leopold Stocker Verlag
Graz – Stuttgart

Umschlaggestaltung:
DSR Werbeagentur Rypka GmbH, 8143 Dobl/Graz, www.rypka.at
Titelbild: Mag. Michael Hulek

Bildnachweis:
Bildnachweis: Die Abbildungen wurden uns freundlicherweise vom Autor zur Verfügung gestellt.

Bibliografische Information der Deutschen Nationalbibliothek
Die Deutsche Nationalbibliothek verzeichnet diese Publikation in der Deutschen Nationalbibliografie; detaillierte bibliografische Daten sind im Internet unter http://dnb.d-nb.de abrufbar.

Hinweis: Dieses Buch wurde auf chlorfrei gebleichtem Papier gedruckt. Die zum Schutz vor Verschmutzung verwendete Einschweißfolie ist aus Polyethylen chlor- und schwefelfrei hergestellt. Diese umweltfreundliche Folie verhält sich grundwasserneutral, ist voll recyclingfähig und verbrennt in Müllverbrennungsanlagen völlig ungiftig.

Auf Wunsch senden wir Ihnen gerne kostenlos unser Verlagsverzeichnis zu:
Leopold Stocker Verlag GmbH
Hofgasse 5 / Postfach 438
A-8011 Graz
Tel.: +43 (0)316/82 16 36
Fax: +43 (0)316/83 56 12
E-Mail: stocker-verlag@stocker-verlag.com
www.stocker-verlag.com

ISBN 978-3-7020-1463-6

Layout und Repro: DSR Werbeagentur Rypka GmbH, 8143 Dobl/Graz
Druck: Druckerei Theiss GmbH, 9431 St. Stefan

Inhalt

Vorwort

„Bist deppert ......?!?!?“,

wurde ich oft gefragt, als ich vor einigen Jahren den Entschluss fasste, aus dem „normalen“ Beruf des Rindertierarztes auszusteigen, um mich ausschließlich der Klauengesundheit zu widmen.

Seit diesem Tag habe ich einer ganzen Menge von Kühen und Bauern helfen können – mit dem Klauenmesser einerseits, der Vortrags- und Kurs-Ausrüstung andererseits. Die persönliche Befriedigung dabei ist für mich nur mit der vergleichbar, die ich in meiner Tierarztzeit erlebt habe, wenn Kuh und Kalb nach einer schweren Geburt wohlauf waren.

Mit Begeisterung widme ich mich nun der Klauengesundheit in allen ihren Aspekten. Dabei ist es mir ganz egal, ob es darum geht, eine lahme Kuh zu kurieren, eine Herde gut auf die Füße zu stellen oder den Bauern zu beraten, wie er Probleme im Stall in den Griff bekommen kann.

Bei der Ausbildung ist mir vor allem die Anwendbarkeit der vorgetragenen Inhalte im Stall und an der Kuh ein Anliegen. Unter diesem Aspekt habe ich vor einiger Zeit eine Sammlung von kurz gefassten Informationsblättern erstellt, die auch als Unterlage für meine Kurse und Vorträge Verwendung findet.

Als ich schließlich gefragt wurde, ob ich ein Klauen-Buch schreiben wolle, habe ich nicht lange überlegt. Es gibt zwar schon eine Reihe fachlich hervorragender Fachbücher zu diesem Thema, die sich aber hauptsächlich an Tierärzte richten. Ich habe bewusst auf viel Theorie verzichtet, damit es ein lesbarer Ratgeber für Rinderhalter wird. Es ist ein Buch für Praktiker im Kuhstall. Praktiker leben und arbeiten nicht im Operationssaal, folglich ist es mir ein Anliegen, das Thema Klauen in einem realen Umfeld mit vielen Aspekten zu behandeln.

Paul Greenough, einer der weltweit bekanntesten Klauenspezialisten, bezeichnet den Kreis derer, die sich alle 2 Jahre irgendwo auf der Welt für ein paar Tage treffen, um die neuesten Informationen über Kuhfüße auszutauschen, scherzhaft als „footy fetish club“ – den Klub der Fuß-fetischisten. Vielleicht gelingt es mir mit meinem Buch ein paar neue „Mitglieder“ zu werben?

Ich wünsche Ihnen eine unterhaltsame und lehrreiche Lektüre!

Was gibt‘s Neues …

Auf die Frage: „*Was gibt's Neues im Klauen-Bereich?*“ könnte man mit „*Viele Details.*“ antworten.

Persönlich habe ich in den letzten Jahren sehr viele Erfahrungen in Großbetrieben gesammelt, und das unter verschiedensten klimatischen Bedingungen – irgendwo zwischen Kasachstan und Ägypten.

Als Gemeinsamkeit findet sich überall, dass die Kühe weite Strecken zwischen dem Melken und allen anderen Funktionsbereichen zurücklegen müssen und sich Lahmheitsprobleme dadurch stark auf den Arbeitsablauf und die Leistung der Tiere auswirken. Lösungen können nur mit einem strategischen Paket funktionieren, in das auch der Punkt Mitarbeiter-Motivation eingebunden werden muss.

El Fayoum/Ägypten +50 °C sind im Sommer völlig normal.

Gummibelegte Laufflächen haben überall Einzug in die Ställe gehalten und die Kühe mögen sie. Um das komfortable Gehen aber zu erhalten, brauchen sie in der Regel auf Gummi häufiger eine Klauenpflege.

Auch in unseren Breiten werden die Herden größer – egal ob Milch- oder Mutterkühe –, dadurch verringert sich der direkte Kontakt zwischen Mensch und Tier ... immer mehr Kühe werden von Robotern gemolken. Für die Klauenpflege braucht es als Konsequenz daraus gute Zutriebslösungen, um die Tiere mit möglichst wenig Stress für alle Beteiligten durch diese Prozedur zu schleusen. Die in den Mutterkuhherden mitlaufenden Stiere stellen uns häufig vor besondere Herausforderungen.

Mortellaro hat sich leider zu einem Standardproblem ausgeweitet und führt bei vielen Klauendefekten zu einer praktisch unheilbaren Situation – zum Leidwesen von Kühen und Bauern.

Die Industrie bietet Lösungen für fast jedes Problem – die Resultate stehen jedoch oft in keiner Relation zum finanziellen Aufwand.

Die gute Arbeit mit dem Klauenmesser bleibt also ein wichtiger Faktor zum Betriebserfolg.

Michael Hulek
Oberneukirchen, Frühjahr 2014

Petropavl/Kasachstan –50 °C sind keine Seltenheit.

Wirtschaftliche Überlegungen & Tierschutz

Wenn man sich mit so genannten Zivilisationskrankheiten beschäftigt, ist es oft sehr hilfreich und sinnvoll, einen Blick auf die Natur zu werfen, um zu guten Lösungsansätzen zu finden. So wie der Mensch durch ein Zuviel an unnatürlicher Körperhaltung gesundheitliche Probleme bekommt und nicht für das stundenlange Sitzen vor Schreibtischen oder auf Traktorsitzen „konstruiert" ist und in der Folge unter anderem Störungen des Bewegungsapparates entstehen, hat auch das Rindvieh Schwierigkeiten durch das Leben in einem Umfeld, das in vielen Punkten stark von dem abweicht, wofür sich die Gattung Rind von Natur aus entwickelt hat.

Natürliche Bedingungen während des Sommers für eine Fleischrinderherde in Sibirien

Werfen wir nur einen kurzen Blick auf die natürlichen Verhältnisse, unter denen das Urrind lebte:

- Es ging und lag auf gewachsenem Boden, der ein gewisses Einsinken der Klauen erlaubte, sobald das Gewicht den Fuß belastete. Das gleiche passierte im Liegen mit Knochenvorsprüngen.
- Es gab frische Luft und Platz in Hülle und Fülle, sodass das Tier seinen Weg und auch seinen Liegeplatz frei wählen konnte.
- Das Weidegras wurde dort aufgenommen, wo es am besten schmeckte, und die Änderungen in der Futterqualität gingen langsam und im Verlauf der Jahreszeiten vor sich.
- Die Zusammensetzung der Herde war relativ konstant. Die Tiere kannten sich und Rangordnungskämpfe fanden nur selten statt, zumal auch die Möglichkeit bestand, einander aus dem Weg zu gehen.
- Zu guter Letzt brachte die Urkuh ein Kalb pro Jahr, für das sie einige Monate Milch gab.

Würde man nun die Frage stellen, wie groß der Anteil an Milchkühen ist, bei denen in diesen Punkten nur annähernd natürliche Bedingungen herrschen, so wäre man schnell mit dem Zählen fertig.

Auf der Suche nach den Ursachen für die Klauenprobleme in der modernen Milchviehhaltung finden wir hier wertvolle Hinweise. Je besser nämlich die Annäherung an die Natur gelingt, vor allem was den Stallbau betrifft, um so wohler fühlt sich auch die Milchkuh von heute. Genau dieses Wohlbefinden ist aber die Voraussetzung für optimale Leistungen, die wir

Optimaler Kuhkomfort in einem modernen Laufstall

uns wünschen und die für erfolgreiches Wirtschaften notwendig sind.

In diesen Zusammenhang stelle ich auch meine persönlichen Überlegungen zum Tierschutz in der Nutztierhaltung – abseits von allen politischen Streitereien und Gesetzen, bei denen leider oft Personen das Sagen haben, die von der Sache zu wenig und von der Praxis kaum eine Ahnung haben.

Nur ein Tier, das richtig gefüttert, richtig gehalten und gut betreut wird, kann (im Rahmen seiner Anlagen) optimale Leistungen erbringen!

Abweichungen von der optimalen Leistung kosten sehr viel Geld. Das kann sich auf Dauer kein Bauer leisten!

Die Diskussion um Förderungen und Milchpreis ist wichtig und notwendig, verstellt aber sehr oft die Sicht auf betriebsinterne Verbesserungsmöglichkeiten und mobilisierbare Leistungsreserven, die in vielen Fällen eine Menge Geld in die Kasse brächten.

Die Erschließung der genannten Reserven erfordert allerdings Ausbildung und konstruktive Kritik durch Berater vor Ort (Offizialberatung, TGD …) und betrifft die bekannten Schlüsselbereiche (Fruchtbarkeit, Eutergesundheit, Fütterung, Jungtieraufzucht, Klauengesundheit …). Hier liegt oft der sprichwörtliche Hund begraben, denn wer hört schon gerne, was er falsch macht?! Und doch ist es eine Tatsache, dass der Großteil der Schwierigkeiten hausgemacht und damit vermeidbar ist. Durch mehr Wissen und kleine Änderungen in den gewohnten Abläufen wäre dies zu verhindern.

Eine andere Schwierigkeit besteht darin, dass es um Geld geht, das niemand je in der Hand hat. Eine Summe, die man nicht kennt und die am Ende des Jahres nicht übrig bleibt. Dieser große Verlust schmerzt dadurch oft weniger als die Kosten für die Behebung von Schäden. Diese stellen wiederum nur die Spitze des Eisberges dar und sind in den meisten Fällen das Resultat von Betriebsblindheit.

Um nun von diesen allgemeinen Überlegungen wieder zum Thema des Buches zu kommen, möchte ich ein paar konkrete Zahlen bringen, die in internationalen Betriebswirtschaftsrechnungen erarbeitet wurden und ein kräftiges Argument für gutes Management an den Kuhfüßen darstellen.

Lahmheit bedeutet Schmerzen und zieht Verluste nach sich, die aus folgenden Punkten resultieren (nach Prof. Dr. Johann Kofler/VUW):

- Milchverlust (im Schnitt etwa 2–3 Liter vom Einsetzen der Lahmheit bis zum Ende der Laktation, mindestens aber 400 Liter)
- Schlechtere Fruchtbarkeit – Schmerzen reduzieren die Aktivität bei der Brunst – die Brunsterkennung wird schwieriger, die Zwischenkalbezeiten verlängern sich um durchschnittlich 2–6 Wochen.
- Infolge von Schmerzen frisst die Kuh weniger (v. a. im Laufstall) – die geringere Trockenmasseaufnahme (betrifft vor allem das Grundfutter) wirkt sich einerseits negativ auf die Milchleistung aus, verschiebt mit hoher Wahrscheinlichkeit das Kraftfutter-Grundfutter-Verhältnis im Pansen (Übersäuerung, s. S. 21) und führt oft zu sichtbarer Abmagerung.
- Bei Schmerzen in den Füßen liegen Kühe sehr viel. Das führt bei unpassenden Liegeflächen zu so genannten „Technopathien“, das sind aufstallungsbedingte Erkrankungen, wie beispielsweise Wunden am Sprunggelenk, Knie usw. In der Folge entstehen unschöne Schwellungen und tiefergehende Infektionen sowie Abszesse.

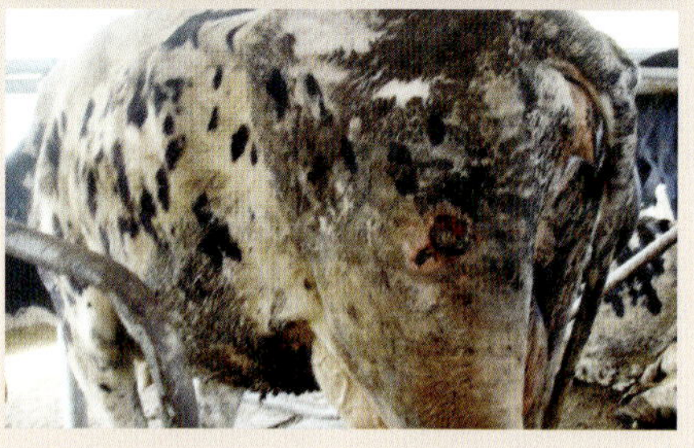

Technopathien durch einstreulose Haltung

- Weiters steigt die Rate an Euterentzündungen, wenn sich Kühe sofort nach dem Melken niederlegen, da Umweltkeime durch den noch nicht gänzlich geschlossenen Strichkanal ins Euter eindringen können.
- Die Rate an Zitzen- und Euterverletzungen erhöht sich durch Lahmheit ebenfalls, da die Bewegungsabläufe beim Abliegen und Aufstehen lahmer Kühe gestört sind: Die Belastung der schmerzenden Bereiche der Klauen wird vermieden. Das führt oft zu langem „Knien" auf den Vorderbeinen, aber auch zum Seitwärtstreten mit den Hinterbeinen, wodurch auch die Zitzen der Nachbarkuh in Mitleidenschaft gezogen werden können – besonders im Anbindestall.
- Lahme Kühe erfordern einen höheren Arbeitsaufwand (Treiben in den Melkstand, Behandlung).
- In vielen Fällen ist der Einsatz eines Klauenpflegers und/oder Tierarztes erforderlich.
- Durch den (meiner Meinung nach oft unnötigen) Einsatz von Medikamenten kann in der Folge die Milch nicht abgeliefert werden.
- Ein hoher Prozentsatz lahmer Kühe muss geschlachtet werden und ist häufig gar nicht mehr verwertbar (lahme Kühe werden 3-mal häufiger geschlachtet als normale Kühe).
- Diese Tiere sind durch eigene Nachzucht oder Zukauf zu ersetzen.

Die Relationen innerhalb dieser Verluste (140,- bis 350,-) liegen nach Berechnungen amerikanischer Produktionsmediziner so, dass die verminderte Milchleistung mit dem Faktor 2,5 multipliziert werden muss, um zum betriebswirtschaftlichen Gesamtverlust zu kommen. Der Löwenanteil daran ist für die Aufzucht- bzw. Remontierungskosten erforderlich. Besonders bitter ist dabei der Umstand, dass die lahmheitsbedingten Ausfälle zumeist Tiere mit guter Leistung betreffen.

Bei einer sehr hohen Dunkelziffer dürfte Lahmheit als Abgangsursache unter heutigen Verhältnissen auf Platz zwei nach Fruchtbarkeitsstörungen liegen. Die Dunkelziffer betrifft die Ursachen Leistung, Alter und Fruchtbarkeit, denn oft heißt es z. B.: „Die Alma besamen wir nicht mehr, weil sie vor der letzten Abkalbung solche Probleme mit den Füßen gehabt hat ..."

Die Beschäftigung mit dem Thema Klauen ist also notwendig im wahrsten Sinn des Wortes, denn Klauenprobleme haben für sich und im Zusammenhang mit anderen Funktionsbereichen starke Auswirkungen auf den wirtschaftlichen Erfolg des Milchbetriebes.

Ein anderer Aspekt von Lahmheit betrifft das öffentliche Bild von Landwirtschaft und Nutztierhaltung im Besonderen. Der Konsument wünscht und fordert zwar billige und qualitativ hochwertige Lebensmittel, trägt aber in sich ein romantisches Bild von Landwirtschaft, das unvereinbar mit seinen alltäglichen Ansprüchen ist. Eine Aufklärungskampagne über zeitgemäße und tiergerechte Lebensmittelproduktion wäre höchst an der Zeit ...

Sieht nun der Normalverbraucher einen modernen Kuhstall im Fernsehen oder betritt er diesen sogar zufällig einmal im Urlaub, so ist er unweigerlich befremdet von Kot und Gerüchen ... Das passt gar nicht zur violetten Kuh aus der Schokoladewerbung, die auf der grünen Wiese ihr Leben genießt und im Winter in einer Wolke von Stroh den Tag totschlägt.

Humpelt dann in diesem Stall ein Drittel der Kühe, so ist dieser Umstand so direkt nachvollziehbar, wie sonst kaum eine Erkrankung. Man kann es regelrecht fühlen, wie weh es tut. Nicht umsonst werden EU-Gelder für den Bereich „animal welfare" – Wohlbefinden für Tiere – bereitgestellt ...

Es ist also auch gute Werbung und Imagepflege dabei, wenn es den Kühen gut geht, wobei wir alle gefordert sind, diese Zusammenhänge den Laien zu vermitteln und auch zu verkaufen, nicht zuletzt, um unsere Lebensmittel und heimische Produktionsbedingungen von den Tierfabriken anderswo abzugrenzen. Hier wird ordentlich und gewissenhaft gearbeitet und die spärlichen Skandale sind ein von der Presse aufgeblasenes faules Ei, das nicht repräsentativ für einen Berufsstand ist!

Konsumenten im Kuhstall

Begriffe – Anatomie – Biomechanik

Als Voraussetzung zum Verständnis von Klauenfunktion, Einflussfaktoren auf die Gesundheit der Klauen und ihre fachgerechte Korrektur ist ein gewisses Maß an Wissen über den anatomischen Aufbau wichtig. Wenn im weiteren Verlauf des Buches von „funktioneller Klauenpflege" die Rede ist, so besteht zwischen den einzelnen Maßnahmen, die dabei gesetzt werden, und der Anatomie stets ein einfacher, logischer Zusammenhang. Dazu sind diese Grundkenntnisse erforderlich.

Anfangs ein paar Begriffe und Richtungsbezeichnungen, die in weiterer Folge die Beschreibung von Arbeitsgängen erleichtern (siehe Abb. S. 16–17):

- Die Richtung zum Zwischenklauenspalt hin, also nach innen, wird mit **„axial"** bezeichnet. Das Gegenteil, also nach außen hin, heißt **„abaxial"**.
- Die **Länge** der Klaue wird gemessen an der Umschlagstelle von axialer Wand zur Seitenwand – vom oberen Rand des Hornschuhs bis zur Tragrandkante.
- Mit **Dicke** wird die Stärke der Sohle beschrieben.
- **Höhe** oder **Trachtenhöhe** bezeichnet die senkrechte Abmessung des Hornschuhs im Bereich des Ballens und wird von der verlängerten Fußungsfläche nach oben bestimmt.

Das Rind ist ein **Zehenspitzengänger**, das bedeutet, dass das **gesamte Gewicht** in jedem Bein auf den Spitzen von „**Mittel-** und **Ringfinger**" bzw. den **entsprechenden Zehen getragen** wird.

So unterschiedlich der Knochenbau der Vorder- und Hinterbeine ausschaut – entsprechend ihrer Funktion in der Bewegung – liegt zuunterst das Klauenbein. An diesem Knochen ist vor allem die zum Boden gerichtete Seite interessant, die leicht nach oben gewölbt ist und am hinteren Ende einen kleinen Vorsprung trägt. Der so genannte Beugeknorren dient als Ansatz der starken Sehne (tiefe Beugesehne), die den Fuß beugt. Diese Sehne läuft nach oben hin über eine Art Umlenkrolle – einen kleinen Knochen, der Klauensesambein heißt. Der nächste Knochen, das Kronbein, liegt nur mehr teilweise innerhalb des Hornschuhs und bildet mit dem Klauenbein gemeinsam das Klauengelenk. Am oberen Ende der Vorderseite des Klauenbeins setzt die Strecksehne an, die, wie der Name vermuten lässt, den Fuß streckt.

Beim Rind und anderen Paarhufern gibt es diese Strukturen an jedem Bein in doppelter Ausführung, wobei die beiden Zehen mit Bändern elastisch miteinander verbunden sind, bis sie sich im Mittelfuß- bzw. Mittelhandknochen vereinigen. Die Zwischenzehenbänder sind gemeinsam mit anderen Faktoren für die Weite des Zwischenklauenspalts verantwortlich. Zwischen dem bereits erwähnten Kronbein und dem einfach ausgebildeten Rohrbein (eine andere Bezeichnung für den Mittelhand- bzw. Mittelfußknochen) liegen noch (von unten nach oben): Krongelenk, Fesselbein und Fesselgelenk – jeweils in doppelter Ausbildung.

Der doppelte Bereich der Zehen ist gut mit Fett abgepolstert, das unter der Haut bzw. dem Hornschuh fast bis zur Klauenspitze reicht und im Hornschuh ganz spezielle Formen annimmt, auf die ich beim Klauenmechanismus noch näher eingehen werde. Im Fettpolster laufen die Sehnen, großteils in Sehnenscheiden, wobei die der Beugesehne(n) vom Ballenbereich bis über das Fesselgelenk reicht – ein Grund weshalb sich bei Infektionen Schwellungen oft „sprunghaft" bis über das Fesselgelenk nach oben ausbreiten.

Die Lederhaut, also das hornbildende Gewebe der Klauen, ist in den verschiedenen Zonen unterschiedlich gebaut und produziert auch in Härte und Struktur unterschiedliche Hornarten mit speziellen Funktionen. Der Großteil des Hornschuhs besteht aus Hornröhrchen, die in unterschiedlicher Dichte in weicherem Horn liegen – so wie Baustahlstäbe in Beton. Je dichter die Hornröhrchen sind, umso härter und mechanisch belastbarer wird das Horn. Das Wandhorn ist auf diese Weise am Tragrand gut geeignet, das Gewicht der Kuh zu tragen, während das Horn der Sohle und des Ballens wesentlich weicher ist. Ein schmaler Streifen

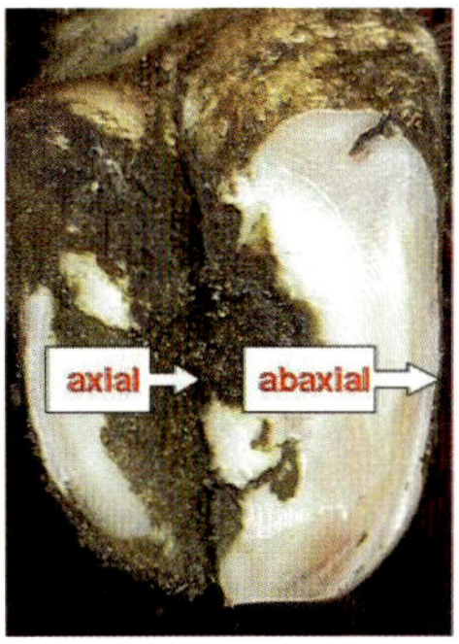

Richtungs-bezeichnungen

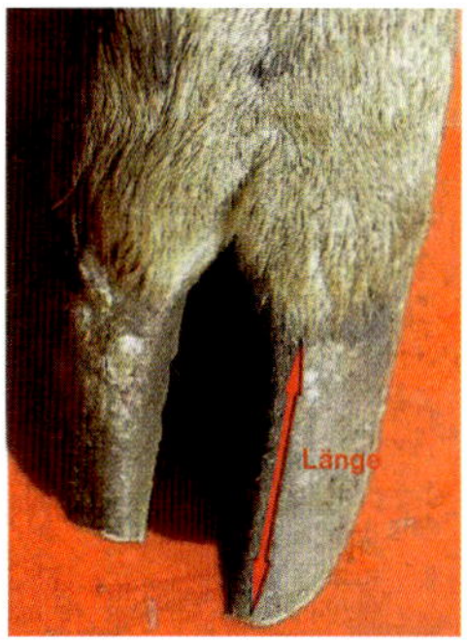

Länge der Klaue

Dicke

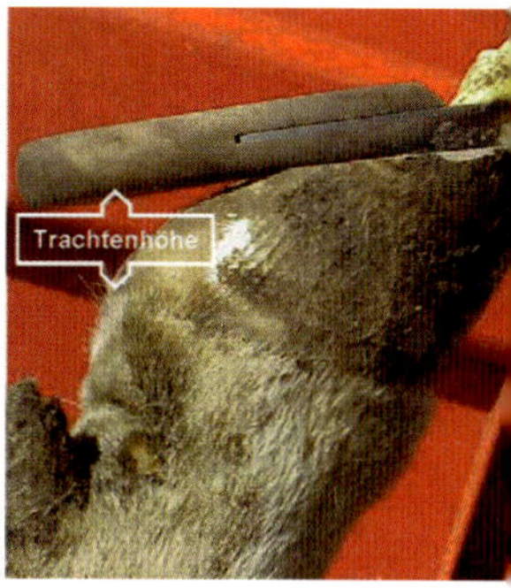

Höhe bzw. Trachhöhe

Anatomische Verhältnise in der Klaue
(mit freundlicher Genehmigung von ZINPRO)

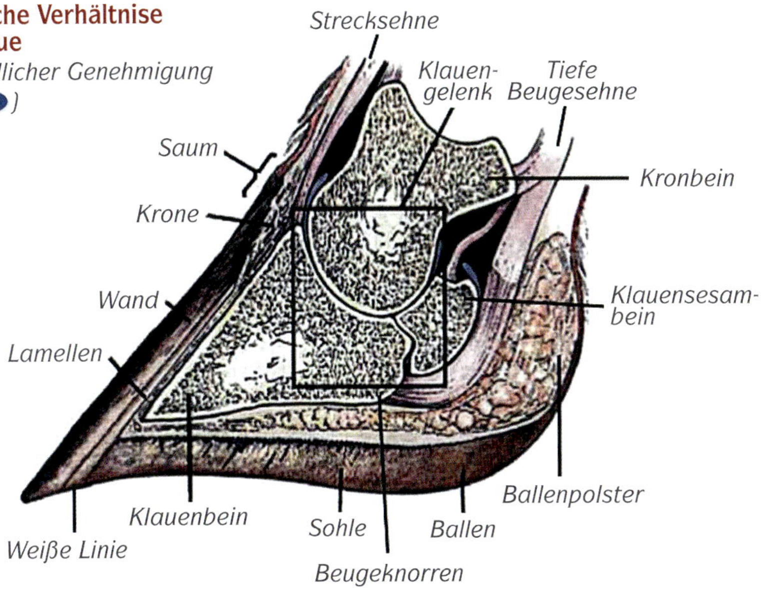

des Tragrandes besteht aus Blättchenhorn, das im unteren Teil der Wand gebildet wird und als Weiße Linie ebenfalls dem Tragrand zugerechnet wird. Diese Schicht verbindet wie eine Naht das harte Wandhorn mit dem Horn der Sohle und ist die Schwachstelle der Klaue, zumal auch die Lederhautblättchen, die dieses Horn bilden, einen Großteil des Gewichtes tragen müssen.

Der Hornballen, der für den Anatomen einen Großteil der Sohlenfläche ausmacht, dient zusammen mit den in Bindegewebsschläuchen verpackten Fettpolstern als verformbarer Puffer und Stoßdämpfer.

Die Hornbildung selbst wird von einer hauchdünnen Schicht der Lederhaut, der Keimschicht, übernommen, von der die gebildeten Hornzellen nach außen weggeschoben werden. Die Verbindung zwischen Horn und Lederhaut ist dadurch bei der gesunden Klaue sehr eng und fest. Wie ein Finger in einem gut sitzenden Handschuh haften die Zäpfchen (Röhrchenhorn) und Blättchen der Lederhaut im Horn, und das auf einer enorm vergrößerten Oberfläche (ähnlich den Lamellen eines Winterreifens am Auto) von mehr als tausend Blättchen entlang der Wand.

Die Keimschicht hat keine direkte Blutversorgung, sodass ihre Ernährung nur durch Diffusion, also Einsickern von Sauerstoff und Nährstoffen, erreicht wird, was auch eine gewisse Störanfälligkeit mit sich bringt. Bei Durchblutungsstörungen in den kleinsten Blutgefäßen erleidet die Keimschicht schnell Versorgungsengpässe, die zu Hornbildungsstörung und einer Lockerung der Verbindung mit dem Hornschuh führen. In der Lederhautdurchblutung gibt es nämlich eine Art Ventile, die auf gewisse Reize hin Strömungsbereiche von Kreislauf ausschließen können, so wie ein Heizungsthermostat einen Heizkörper abriegelt.

Nachdem wir nun den Bau der Rinderzehe kennen, wenden wir uns ihrer Funktion in der

Bewegung zu, nämlich dem Tragen des Gewichts und dem Auffangen stoßförmiger Bewegungsenergie.

> Die gesunde Kuh steht nicht, wie das beim Menschen der Fall ist, auf ihrer Klauensohle, sondern auf einem schmalen Streifen Horn, dem Tragrand aus Wand- und Weiße-Linie-Horn, wobei in den Blättchen die Belastung quasi umgeschaltet wird von Druck auf Zug: Das Gewicht der Kuh hängt vor allem im Schuh!

Um nun das Gewicht optimal tragen zu können, müssen die Blättchen gleichmäßig belastet werden. Das ist dann der Fall, wenn die Klaue in der vorderen Hälfte belastet wird, also bei relativ kurzen Klauen.

Zum Auffangen des Gewichts in der Bewegung sind zusätzliche Einrichtungen notwendig. Im natürlichen Umfeld hilft der nachgebende Boden, der das Einsinken der belasteten Stellen erlaubt und dadurch maßgeblich an der Stoßdämpfung beteiligt ist. Da diese Bedingungen für den Großteil unserer Rinder aber nicht gegeben sind, wird ein Mechanismus beansprucht, der folgendermaßen funktioniert:

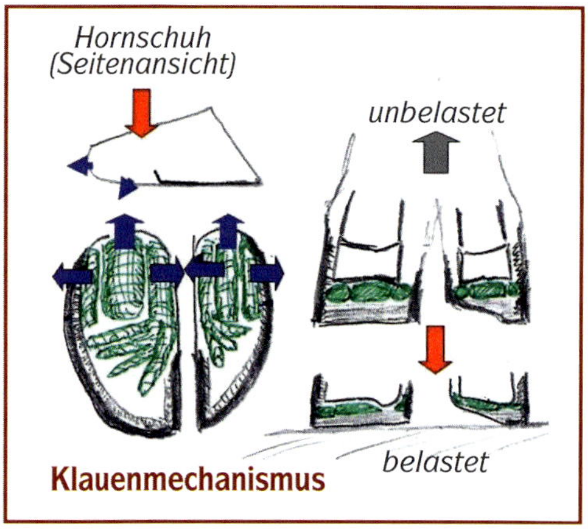

Bei fixierter Spitze des Klauenbeins federt der hintere Teil desselben nach unten in Richtung Boden. Dieser Stoß trifft auf die längsgerichteten Fettpolster, die dadurch, wie der Geldämpfer in einem Joggingschuh, breitgedrückt werden und etwa das hintere Drittel der Klaue vor allem in die Breite und etwas in die Länge auseinanderdrücken. Bei der Entlastung kehren sowohl die Fettpolster wie auch der Hornschuh selbst wieder in ihre ursprüngliche Form zurück (Klauenmechanismus).

Die Weiße Linie als Nahtstelle zwischen Wand und Sohle wird durch diese laufende Formveränderung stark beansprucht und besonders bei nicht optimaler Hornqualität häufig eingerissen.

Für das Abrollen und Wegdrücken des Gewichts vom Boden in der Bewegung gibt es etwa in der Mitte der Sohle noch zusätzliche querliegende Fettschläuche.

Schicken wir nun die Kuh auf ihren Weg durch den Stall und sehen wir ihr beim Gehen zu, so fällt uns auf, dass ihr Hinterteil in der Bewegung schwankt. Diese Tatsache führt dazu, dass die äußeren Klauen an den Hinterbeinen mehr belastet werden als die Innenklauen. Das Ergebnis entspricht etwa dem, was mit unseren Händen passiert, wenn wir eine Woche lang Holz hacken: Der Körper reagiert auf starke Beanspruchung und schützt sich durch Zubildung einer Schutzschicht. Hornschwielen entstehen.

Ähnlich kann aber auch der Knochen reagieren, wenn z. B. der Zug an der Beugesehne auf den Beugeknorren des Klauenbeins durch ständig zu lange Klauen immer sehr stark ist, so wird der Knochen verstärkt und dadurch der Knochenvorsprung vergrößert – mit ungünstigen Folgen! Diese an sich sinnvolle Reaktion führt also zum verstärkten Hornwachstum an der Bodenfläche der Außenklaue, die aber dadurch immer stärker zur Hornbildung angeregt wird.

Das gummiartige Horn an der Sohle wird jedoch nicht, wie das bei einer Schuhsohle der Fall wäre, durch die Mehrbelastung auch entsprechend mehr abgerieben. Ein Teufelskreis entsteht und die Lederhaut der nun größeren und höheren Außenklaue wird im Extremfall mit Dreiviertel des Gewichts des Beines belastet. Das Klauenbein schlägt nun bei jedem Schritt gegen die Hornschwiele. Die dazwischenliegende Lederhaut wird gequetscht und schon beim Stehen dauernd gedrückt.

In Summe führen die geschilderten Abläufe dazu, dass die hinteren Außenklauen Erkrankungsraten aufweisen, wie sonst keine Stelle des Körpers einer Milchkuh.

Mit etwas offenen Augen kann man die Situation des Tieres im Hinblick auf die Belastungsverhältnisse glücklicherweise gut abschätzen und in der Folge rechtzeitig mit einer Klauenkorrektur das Wohlbefinden der Kuh wiederherstellen. Näheres dazu bei „Foot Scoring (Fußbeurteilung)", s. S. 49

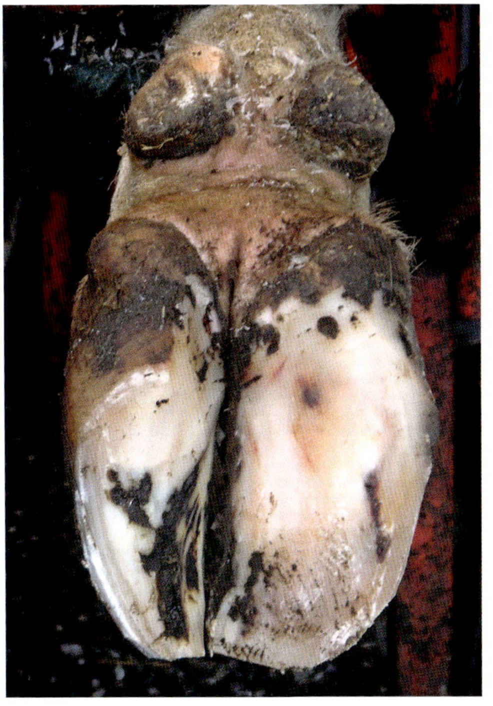

Sohlenquetschung unterhalb des Beugeknorrens

Die größere Außenklaue ist deutlich erkennbar.

Fütterung – Stoffwechsel – Leistung

Umwelt – Haltung – Stallverhältnisse – Verhalten

Genetik – Zuchtwahl

Klauenpflege

Faktoren der Klauengesundheit

Klauengesundheit ist das Ergebnis einer Handvoll von Einflussfaktoren, die auf eine Rinderherde und das Einzeltier innerhalb dieser Herde einwirken. Die Klaue und die Klauenlederhaut, die das Horn produziert, stehen zwischen Einwirkungen von außen und Ereignissen, die sich im Körper des Rindes abspielen. Die Gewichtung der Faktoren ist dabei sehr unterschiedlich. Denken wir beispielsweise nur an die Bandbreite an Möglichkeiten, die allein für die Gestaltung von Stallböden zur Verfügung stehen, und kombinieren wir diese nun mit verschiedenen Entmistungssystemen. Diese beiden Punkte erlauben schon unterschiedlichste Kombinationen. Die Variationen bei der Berücksichtigung aller Einflussmöglichkeiten sind nahezu zahllos.

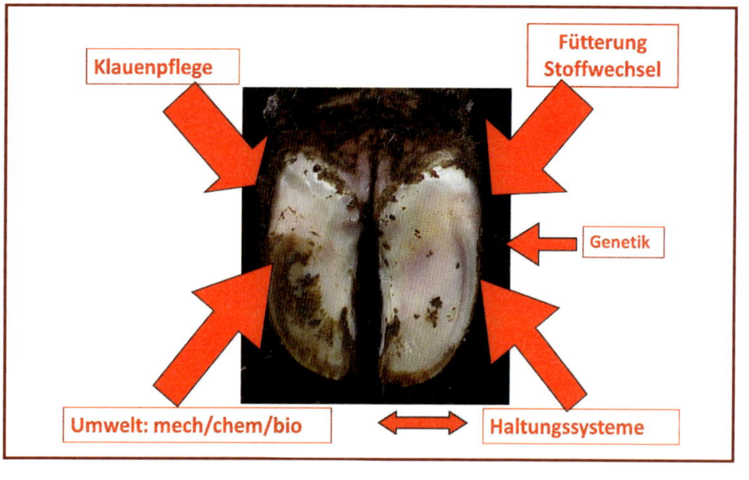

Abweichungen vom Sollwert können in jedem einzelnen Punkt zu Lahmheit führen, wenn sie gravierend sind. Meist ist es aber das Zusammenwirken mehrerer Fehler. Umgekehrt werden ungünstige Situationen ohne schwerwiegende Folgen verkraftet, wenn insgesamt im Hinblick auf die Klauen gute Verhältnisse herrschen. Dazu wieder ein Beispiel: Bei korrekten Belastungsverhältnissen nach guter Klauenpflege ist das Risiko der Ausbildung einer Reheklaue infolge von Pansenübersäuerung wesentlich reduziert. Falsch belastete, überhöhte und/oder zu lange Klauen sind demgegenüber höchst anfällig.

Um ein Grundverständnis für die komplexe Situation an der Rinderklaue zu ermöglichen, werde ich versuchen, die wichtigsten Einflussfaktoren herauszugreifen.

Fütterung – Stoffwechsel – Leistung

Man nehme ein Fahrrad, eine Straße und einen Stein und versuche mit 10 und als Vergleich mit 50 km/h über diesen Stein zu fahren. Ähnlich verhält es sich mit dem Einfluss der Stoffwechselleistung einer Milchkuh auf die Klauengesundheit. Die Grenzen werden vielfach erreicht und auch zeitweilig überschritten. Es reicht ein „Windhauch", um dieses labile System zu kippen. Ob nun die „Kontrolllampe" bei der Fruchtbarkeit, den Klauen oder anderen stoffwechselbezogenen Organsystemen leuchtet, ist nicht der ausschlaggebende Punkt, sondern es geht darum, den Hilfeschrei zu hören, richtig zu handeln und in der Folge Fehler zu vermeiden.

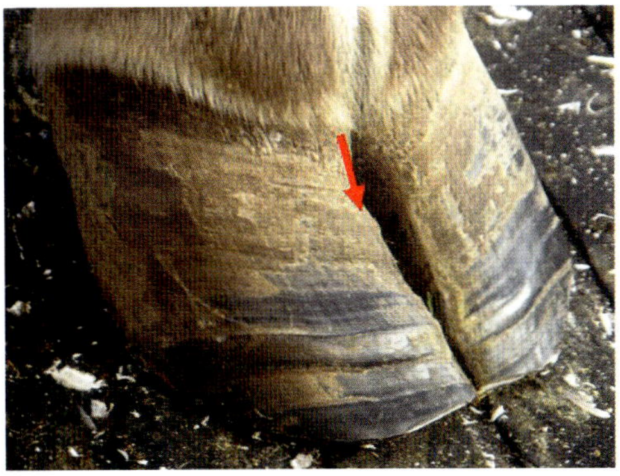

Der „Bio-Fahrtenschreiber" – 5 mm Hornwachstum pro Monat an der Vorderwand

Den Bezug zwischen Klauen und Stoffwechsel oder Fütterung herzustellen, ist fürs Erste nicht ganz einfach, denn unser Sodbrennen erzeugt schließlich auch keine Hühneraugen oder eingewachsene Zehennägel ...

> Also daher ganz von Anfang an: Für gute Hornqualität ist ein funktionierender Stoffwechsel sowie eine gute Durchblutung der Klauenlederhaut Voraussetzung, denn Horn ist ein Stoffwechselprodukt. Vereinfacht ausgedrückt, müssen einerseits Zufuhr (Fütterung) und Verbrauch (Leistung) übereinstimmen, andererseits die inneren Abläufe (Verdauung, Aufnahme, Umsetzung) funktionieren.

Die Anforderungen einer Milchkuh sind dabei als Wiederkäuer (leistungsabhängig) sehr komplex, denn wir füttern einerseits das Rind und andererseits seine Pansenorganismen, die bisweilen sehr unterschiedliche Anforderungsprofile aufweisen.

Die Wachstumsrate des Klauenhorns ist an der Vorderwand im Mittel etwa ein halber Zentimeter pro Monat. Die Wachstumsrate ist damit gewissermaßen ein „biologischer Fahrtenschreiber" für verschiedene Vorgänge und lässt so, wenn auch leider nur im Rückblick, Schlüsse auf die Situation des Tieres zu. Es gibt nur wenige Faktoren, die hier ohne Eintragung bleiben. Das Ablesen des Fahrtenschreibers erfordert allerdings Verständnis für die komplexen Zusammenhänge und Abläufe im System Kuh und im System Stall.

> Fehler im Bereich der Fütterung (Ration, Futterqualität, Fütterungsmanagement) wirken sich über die Störung der Lederhautdurchblutung (Botenstoffe) im Extremfall sofort oder in der Regel nach 1–2 Monaten zeitverschoben negativ auf Hornqualität und Klauengesundheit aus.

Zusammenhangstrennung im Horn der Weißen Line knapp vor dem „Leben"

Das erschwert das Erkennen der Zusammenhänge manchmal zusätzlich und führt oft zu falschen Interpretationen bezüglich der Ursachen einer Lahmheit. Eine solche Standardsituation ist das Auftreten einer typischen Lahmheit etwa 6 Wochen nach der Abkalbung. Zu diesem Zeitpunkt findet oft auch eine Brunst statt. Vermutet wird dann häufig eine Verstauchung im Zusammenhang mit dem Aufreiten auf eine andere Kuh. In Wirklichkeit „wartete" aber ein Klauendefekt, der als Kombinationsprodukt zwischen falscher Belastung und den Umstellungsvorgängen um den Geburtstermin (Anfütterung, Hormone, Bodenwechsel ...) interpretiert werden kann, knapp vor der Lederhaut. Durch die starke Belastung des Beins bricht er ans „Leben" durch, wo er Schmerzen und damit Lahmheitserscheinungen hervorruft – wie ein Nagel, der in der Schuhsohle steckt und beim normalen Gehen keine Probleme macht, durch einen Sprung aus etwas größerer Höhe aber durchbricht und schmerzt. So lassen sich bei nahezu allen Lahmheiten mit diesem Vorbericht Klauendefekte finden. Ganz ähnlich verhält es sich etwa 5–6 Wochen nach dem Weideaustrieb.

Was sind nun die häufigsten Fehler, die in der Folge Probleme an der Lederhaut nach sich ziehen:

Beginnen wir mit dem Trinkwasser, das ein stark unterschätzter Faktor bei der Fütterung ist. Wasser muss in ausreichender Menge und Qualität jederzeit zur Verfügung stehen, denn gerade eine Milchkuh braucht davon Unmengen, besonders nach dem Melken. Sehr oft sind Tränken von vornherein unterdimensioniert (10 cm Troglänge pro Kuh) und der Zufluss zu schwach (10 Liter pro Minute), schlecht positioniert und nahezu unmöglich zu reinigen. Wassermangel ist in vielen Betrieben ein wesentlicher Stressfaktor für die Kühe und betrifft häufig rangniedrige Tiere, die stets lange Wartezeiten in Kauf zu nehmen haben, um ihren Durst löschen zu können. Speziell was die Aufnahme von gewissen Mengen- und Spurenelementen betrifft, kann die chemische Zusammensetzung

Dramatische Situation, wenn die Kühe vom Boden „Wasser“ saufen.

Verschmutzte Tränke

des Trinkwassers (z. B. Eisengehalt) in bestimmten Gebieten Schwierigkeiten machen.

Ein zentrales Problem, vor allem im höheren Leistungsbereich, stellt die Pansenübersäuerung dar, die bekannterweise stets im Zusammenhang mit der Kraftfutterversorgung zu sehen ist.

Sie ist sehr oft kombiniert und verschärft durch einen Mangel an Struktur im Grundfutter. Die Verdauung von Stärke durch die Pansenbakterien führt zur Bildung von Säuren. Je mehr Stärke (Menge an Kraftfutter) und je besser diese Stärke für die Bakterien zugänglich ist (Korngröße – lose oder zu Pellets gepresst, die ja nach Durchfeuchtung schlagartig in ihre Teilchen zerfallen), um so schneller und mengenmäßig bedeutsamer ist die Säureproduktion, um so massiver ist der Abfall des pH-Wertes im Pansen. In der „Pansensuppe“ leben Milliarden von Mikroorganismen mit bestimmten Funktionen und Lebensbedingungen – solche, die verholzte Pflanzenteile verdauen, andere, die Eiweiß abbauen usw. Ändert sich nun die

Geforene Tränke

Zusammensetzung der „Pansensuppe", so verschlechtert sich für gewisse Bakterien die Situation dermaßen, dass sie absterben und sich auflösen. Dabei setzen sie ihren Inhalt, der auch Gifte enthält, frei. Parallel dazu verbessert sich die Situation für andere Bakterien so, dass sie überproportional gut gedeihen und dadurch noch mehr und schneller Säure aus Stärke erzeugen. Das Rad dreht sich immer schneller ...

Über die Pansenwand werden nun viele Substanzen direkt ins Blut der Kuh abgegeben, darunter auch die Giftstoffe der abgestorbenen Bakterien. Über die Blutbahn zirkulieren diese so genannten Endotoxine und gelangen dadurch auch in die Lederhaut, wo sie prompt zu einer folgenreichen Reaktion führen: Wie bei einem Ventil am Heizkörper werden gewisse Durchblutungszonen abgeschaltet und das Blut mit den Schadstoffen sofort wieder herzwärts geleitet. In den nun abgeschalteten Bereichen führt das zur Unterversorgung, zum Verhungern und zum Ersticken von Lederhautzellen.

Bluteinlagerung in der Hornschicht, die bei der akuten Rehe gebildet wurde

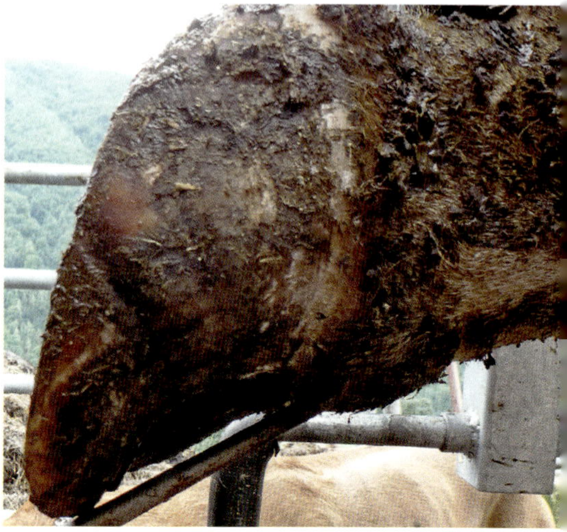

Reheklaue mit konkaver Vorderwand

Das Hornwachstum kommt zum Stillstand oder verlangsamt sich stark. Im Gebiet davor staut sich das Blut und tritt aus den Gefäßen ins Gewebe und auch in angrenzende Hornschichten aus. Wir finden dieses Blut bei der Klauenpflege besonders in stärker belasteten Regionen der Klaue oder als kleine Pünktchen über die gesamte Fußungsfläche fein verteilt in einer Hornschicht. Die Summe der beschriebenen Ereignisse bezeichnet man als **Klauenrehe**.

Besteht diese Störung über einen längeren Zeitraum oder tritt sie ganz massiv auf, so löst sich die Verbindung zwischen Horn und Lederhaut und das Gewicht, das von oben her im Hornschuh hängt, drückt das Klauenbein in Richtung Boden.

Die Klaue wird irreparabel in ihrem Aufbau geschädigt und es entsteht eine Reheklaue mit massiven Langzeitfolgen.

Ähnliche Situationen entstehen durch ein Überangebot an Eiweiß in Verbindung mit einem Mangel an Energie in der Ration. Eiweißspaltende Pansenbakterien bauen das Protein im Futter in seine kleinsten Bausteine ab, die wiederum von anderen Bakterien zum Aufbau neuer Eiweißverbindungen herangezogen werden sollten. Dieser Vorgang benötigt jedoch Energie, die zu genau diesem Zeitpunkt zur Verfügung stehen sollte – der Begriff Pansensynchronisation bezeichnet genau diese Kombination spezieller Eiweiß- (Soja, Raps ...) mit den dazupassenden Energiekomponenten (Getreide, Mais ...) in der Ration. Ist dies nicht der Fall, so kommt es zur Aufnahme der giftigen Abbaustufen (Ammoniak) über die Pansenwand ins Blut, wo sie im günstigen Fall von der Leber zu Harnstoff umgebaut und damit auch unschädlich gemacht werden, wozu ebenfalls Energie notwendig ist. Steht der Leber diese Energie aber nicht zur Verfügung oder ist diese durch die Flut an Ammoniak absolut überfordert, so führt dieser in den Blutgefäßen der Lederhaut ebenfalls zu den geschilderten Durchblutungsstörungen.

Ist nun die Leber durch das ständige Fehlen (Laktaktionsbeginn und Hochlaktation) oder Überangebot (letztes Laktationsdrittel, Hochträchtigkeit bei Kuh und Kalbin) an Energie im Lebenszyklus der Kuh bereits geschädigt, so ist die Leistungsfähigkeit stark beeinträchtigt.

Hinweise auf die Energie- und Eiweißversorgung erlaubt die Interpretation der Daten aus der Milchleistungskontrolle. Die laufende Beurteilung der Körperkondition verhindert größere Fehler im Energiehaushalt.

> Generell sollten abrupte Futterwechsel vermieden werden, die der „Pansenbevölkerung" keine Zeit zur Anpassung an neue Komponenten gibt.

Die Pansenflora „wünscht" sich nämlich eine kontinuierliche Anlieferung des gleichen Materials. Sie überlebt den Entzug zwar etwa 2–3 Tage, braucht aber 3–4 Wochen, um neues

Sichtbare Unterschiede in der Körperkondition innerhalb der Gruppe

Besonders beim Einsatz von Grünfutter sind abrupte Wechsel an der Tagesordnung.

Futtermaterial wieder optimal verarbeiten zu können. Dabei bedeutet neues Futtermaterial durchaus auch den Wechsel zwischen 2 Siloballen desselben Schnittes, ganz zu schweigen vom Wechsel zwischen verschiedenen Schnitten von Grassilage: Für uns käme das dem Unterschied zwischen Sachertorte und Schweinsbraten gleich!

Geht dieser Grundfutterwechsel dann auch noch mit einer Steigerung der Kraftfutterkomponenten einher, wie das in der Anfütterungsphase vor der Abkalbung in der Regel der Fall ist, ist das System im Pansen schnell überfordert. Dies passiert besonders dann, wenn nicht berücksichtigt wird, dass die Kuh einige Tage rund um den Geburtstermin nur mehr wenig Trockenmasse aufnimmt. Das nötige Verhältnis zwischen Kraft- (40 %) und Grundfutter (60 %) dreht sich schnell um und der pH-Wert im Pansen fällt in den sauren Bereich. Damit ist einerseits der Start in die neue Laktation bereits „verpatzt", andererseits die Lahmheit einige Wochen später schon vorprogrammiert. Wieviel Milch dadurch in der beginnenden Laktation fehlt, ist nur eine Frage des Schweregrads der Kette an Schwierigkeiten, mit denen der Organismus der Kuh fertig zu werden hat.

Eine nicht unwesentliche Bedeutung bei all diesen Vorgängen haben auch Faktoren seitens der Fütterungsreihenfolge, -frequenz und des Managements: Kleine und häufige Kraftfuttergaben jeweils nach der Aufnahme von Grundfutter, kontinuierliches Angebot an Grundfutter von ausreichenden Fressplätzen mit zusätzlichen Anreizen („top-dressing" mit Melasse o. Ä.) können sehr viel zur Verbesserung der Verhältnisse im Pansen beitragen.

Moderne Technologien (Mischwagen, Fütterungsroboter) bieten mittlerweile exzellente Lösungen – das in diesem Fall feinkörnig-mehlige Kraftfutter haftet bei ausreichender Feuchtigkeit am Grundfutter und wird gemeinsam mit diesem aufgenommen.

Es kann im Rahmen eines Klauen-Buches nur ein paar kurze Hinweise zur Rinderfütterung geben, die die Bedeutung für die Klauengesundheit deutlich machen und die Zusammenhänge herstellen sollen.

Von der Futtermittelindustrie und Vertretern dieser Branche stark beworben wird der Einsatz

Befüllung des Mischwagens

von Vitaminen (Biotin) und Spurenelementen (Zink ...) vor allem in Betrieben mit Klauenproblemen. Diese Substanzen verbessern nach verschiedenen Studien zwar die Hornqualität bei längerfristiger und hochdosierter Anwendung, können aber bei einem meist recht hohen Preis weder Wunder wirken noch die oben beschriebenen Folgen von Fütterungsfehlern korrigieren, fachgerechte Klauenpflege ersetzen oder ungünstige Stallverhältnisse verbessern. Auch im Hochleistungsbereich stellt der Einsatz der genannten Mikronährstoffe nur ein kleines Rädchen im Stoffwechsel dar und sollte einer strengen Wirtschaftlichkeitsprüfung unterzogen werden.

Abschließend zur Thematik ist zu erwähnen, dass alle beschriebenen Störungen der Lederhautdurchblutung und Hornbildung auch durch schwere Allgemeinerkrankungen der Kuh zustande kommen können.

Dazu zählen vor allem Infektionserkrankungen sowie Euter- und Gebärmutterentzündungen. Diese sind in der Regel aber bekannt und damit der Bezug zu nachfolgenden Lahmheiten herstellbar – als Sonderfall zum Regelfall der Fütterungs- bzw. Stoffwechselproblematik.

Umwelt – Haltung – Stallverhältnisse – Verhalten

Je besser die stallbauliche Annäherung an die natürlichen Verhältnisse gelingt, um so weniger Beeinträchtigung der Gesundheit und des Verhaltens ist zu erwarten. Jede Abweichung vom natürlichen nachgiebigen Boden wirkt sich negativ auf die Klauengesundheit aus. Diese beiden Tatsachen – so logisch sie sind – finden nur langsam Eingang in die Stallbaupraxis. Glücklicherweise geht der Trend mit Außenklimaställen und weichen Laufflächen mittlerweile in die richtige Richtung. Es hätte Zeit gespart, wenn mit Stallbau-Beratern und Firmenvertretern die Folgen von Fehlern an den Klauen besprochen und anhand von Betriebswirtschaftsrechnungen kalkuliert worden wären. Viel zu lange wurden Ställe mit Spaltenböden und einstreulosen Hochbuchten, von mir als „Kuh-KZ" bezeichnet, gebaut. Die sind zwar arbeitstechnisch günstig, jedoch alles andere als tier- und damit leistungsfreundlich.

Der zeitgemäße Kuhstall dagegen bietet der Kuh ausreichend Liegeplätze, die bei hautfreundlicher Oberfläche komfortables Liegen, Niederlegen und Aufstehen erlaubt. Die Luftqualität entspricht der im Freien, der Boden lädt ein zu Bewegung, ungehemmter Brunst und Futteraufnahme, die Laufflächen sind frei von Kot- und Harnansammlungen. Fress- und Trinkplätze sind stets ungehindert zugänglich und aufgrund des angebotenen Futters und Wassers einladend und appetitlich. Das Platz-

Optimaler „Liegekomfort": Fast alle Kühe liegen.

Neu und schön heißt nicht unbedingt gut – Liegen auf den Laufflächen ist meist ein Hinweis auf schlechte Liegeboxen.

Hell und komfortabel

angebot erlaubt auch rangniedrigen Tieren das Vermeiden von Konfrontationen sowie Liegen, Fressen und Trinken.

> Alle Abweichungen von diesen „Sollwerten" führen zu Leistungsminderung und darüber hinaus häufig zu gesundheitlichen Problemen – vor allem bei Erstlaktierenden.

- Harte Laufflächen erhöhen die Rate an Klauendefekten, insbesondere dann, wenn diese mit einer Struktur (Rillen, Rauten, Spalten ...) versehen sind. Es kommt zu punktuellen Belastungsspitzen, die die Lederhaut beschädigen.
- Unebene Laufflächen, und dazu zähle ich auch ausgebrochene oder zu groß dimensionierte Betonspalten, führen fallweise zu Verletzungen.
- Rutschige, abgenutzte Böden erhöhen gleichfalls das Verletzungsrisiko (Muskulatur) und führen zu unnatürlichem Bewegungsverhalten (kurze Schrittlänge), undeutlichen Brunsterscheinungen und geringerer Trockenmasseaufnahme.

Sturz auf rutschigem Beton

- Zu rauhe, meist neue Laufflächen bereiten häufig in frisch bezogenen Ställen Probleme, vor allem dann, wenn bestimmte Vorsichtsmaßnahmen nicht eingehalten werden und die Übersiedlung direkt aus dem alten Anbindestall erfolgt. Ein Zuviel an Bewegungsmöglichkeit (Unterbelegung) und Rangordnungskämpfe auf dem abriebintensiven neuen Boden in Verbindung mit relativ zu dünn geschnittenen Klauen führen sehr oft zum Durchlaufen der Sohle an der Klauenspitze mit nachfolgenden Infektionen, die zum Abgang des Tieres führen.

- Bakterielle Infektionen am Unterfuß, vor allem der Haut im Zwischenklauenspalt und rund um die Klauen, haben ihre Ursache zumeist in starker Verkotung der Böden, Feuchtigkeit und schlechtem Stallklima (zu hohe Luftfeuchtigkeit und Schadgaskonzentration) – Bedingungen, die vor allem im Winterhalbjahr herrschen und durch Überbelegung (Stress) häufig verschärft werden. Treten solche unhygienischen Verhältnisse in Verbindung mit bestimmten, meist anaeroben Erregern auf (Mortellaro = Erdbeerkrankheit = *Dermatitis digitalis* [P]DD), so resultieren daraus nicht selten Erkrankungsraten von mehr als der Hälfte der Tiere mit entsprechenden wirtschaftlichen Folgen. Anaerobier finden ihre optimalen Bedingungen unter Luftabschluss, also beispielsweise unter einer Schicht eingetrocknetem Kot.

Ideale Bedingungen für Anaerobier …

… vor allem der Bereich um die Tränken bei unbefestigtem Boden

- Die mindestens einmal tägliche mechanische Entfernung der Kotansammlungen ist daher ein zentraler Punkt bei der Gegenstrategie dieser Infektionsproblematik, die außerdem mit regelmäßiger, gründlicher Reinigung der Beine unterhalb der Afterklauen (mindestens 2 Mal pro Woche) kombiniert werden sollte. Desinfektionsmaßnahmen können zusätzliche Verbesserungen leisten, jedoch erst als nachfolgende Sprüh- oder Badebehandlung. Bedacht werden sollte allerdings die Problematik der Anwendung krebserregender (Formalin) oder die Entsorgung umwelttoxischer Substanzen (Kupfersulfat). Aus Großbetrieben, in denen die Kühe bei jeder Melkzeit durch ein langes Bad gehen, das nur mir sauberem Wasser gefüllt ist, wissen wir jedenfalls, dass sich die Anaerobier-Problematik auf praktisch Null reduziert hat!
- Ungeeignete Liegeflächen führen primär zu reduzierten Liegezeiten. Da die Kuh während der Liegezeit, die natürlicherweise mehr als die Hälfte des Tages in Anspruch nimmt, wiederkäut und die Klauen entlastet, wirkt sich Liegen sehr positiv auf die Klauengesundheit

Fußbad am Weg zum Melken

Tiefbox mit Stroh-Mist-Matratze

aus; zusätzlich trocknen die Klauen und die umliegende Haut dabei ab. Ebenfalls zu erwähnen ist die Tatsache, dass die Durchblutung des Euters während des Liegens stark steigt und damit die Milchproduktion bei gleicher Stoffwechselleistung erhöht wird.

- Fehlerquellen bei Liegeboxen liegen einerseits in Dimension und Begrenzungseinrichtungen, andererseits bei der Ausgestaltung der Liegefläche selbst. Vor allem die Haut über Knochenvorsprüngen (Hüfthöcker, Sprunggelenk ...) wird dabei durch Abrieb oder Anschlagen stark in Mitleidenschaft gezogen und zeigt so genannte Technopathien, also aufstallungsbedingte Schäden, deren Lokalisation oft gute Hinweise gibt.
- Etwa 20 cm dicke Matratzen aus Stroh und Mist bieten unter Praxisbedingungen in unseren Breitengraden die besten Liegebedingungen für Kühe und sind arbeitstechnisch durchaus vertretbar. Darauf liegen die Tiere weich, trocken, komfortabel und auch preiswert.
- Gummimatratzen oder vergleichbare Lösungen funktionieren meiner Erfahrung nach nur in Verbindung mit einer dünnen Schicht Strohmehl/Strohhäcksel und regelmäßiger Reinigung – sind also auch nicht „wartungsfrei". Billigprodukte verlieren außerdem im Laufe der Zeit deutlich an Elastizität, da sich die chemischen Weichmacher im Gummi verflüchtigen.
- Zur Beurteilung der Liegeboxen eignet sich der so genannte „Kuhkomfortquotient" recht gut. Dabei wird die Relation liegender Kühe zu denen, die mit 2 oder allen 4 Füßen in der Liegebox stehen, bestimmt. Die Rate der liegenden Tiere sollte über 80–85 % sein (denn auch wir selbst stehen nicht im Bett herum ...)
- Mit der „Knieprobe" lässt sich die Qualität der Liegefläche einfach beurteilen: Man läßt sich in der Liegebox aus dem Stand auf die Knie fallen (so wie die Kuh beim Abliegen die letzten 40 cm auf Sprunggelenk und Knie fällt), verlagert sodann im Knien das

Gewicht ein paar mal von einem Bein aufs andere und steht wieder auf. Hat man den Test schmerzfrei hinter sich gebracht und sind zudem die Knie trocken, so kann man auch der Kuh das „Bettchen“ empfehlen: Weich, verformbar und trocken.

Gummimatratze mit Einstreu

Genetik – Zuchtwahl

Ein wichtiger allgemeiner Punkt betrifft die Domestizierung des Rindes im Laufe der Menschheitsgeschichte. Betrachtet man nämlich die wilden Artgenossen unserer Milchkühe, so fällt auf, dass die Verteilung des Körpergewichts züchterisch stark verändert wurde, und zwar so, dass der Körperschwerpunkt nun in der hinteren Körperhälfte liegt. Dies ist das Resultat einer Selektion auf einen leichten Geburtsablauf, größere Euter mit mehr Milchleistung und hohes Fassungsvermögen des Verdauungsapparates. Die Vordergliedmaßen wären aber aufgrund ihrer elastischen Aufhängung zwischen Schulterblatt und Rumpf wesentlich besser zur federnden Gewichtsaufnahme geeignet gewesen … Stellen wir nun diese moderne Kuh mit ihrer Birnenform zusätzlich auf harten Boden, so sind die Schwierigkeiten vorprogrammiert.

Die Bewertung des genetischen Einflusses auf die Klauengesundheit ist im Einzelfall zumeist schwierig, da sich häufig Aufzuchtbedingungen (z. B. Rollklauen nach rachitischen Wachstumsstörungen …) und Klauenpflege-Management wesentlich stärker auf die Klauen auswirken – im positiven wie im negativen Sinn.

Wissenschaftlich erwiesen sind genetische Einflüsse auf die Klauengröße und Trachtenhöhe. Man kann sicher auch von diesem Einfluss ausgehen, wenn man die Weite des Zwischen-

„100.000 Liter-Fahrwerk“

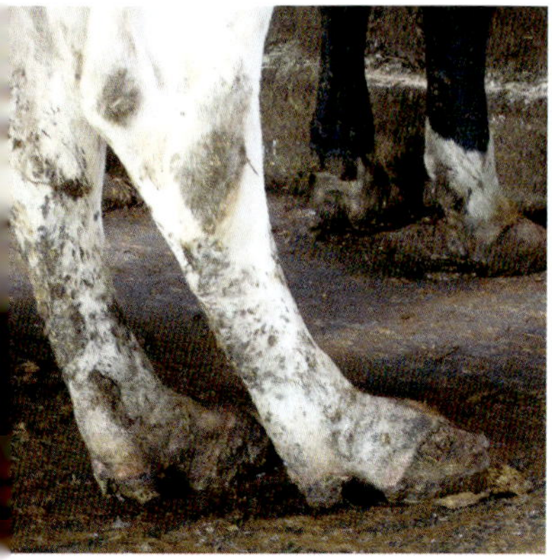

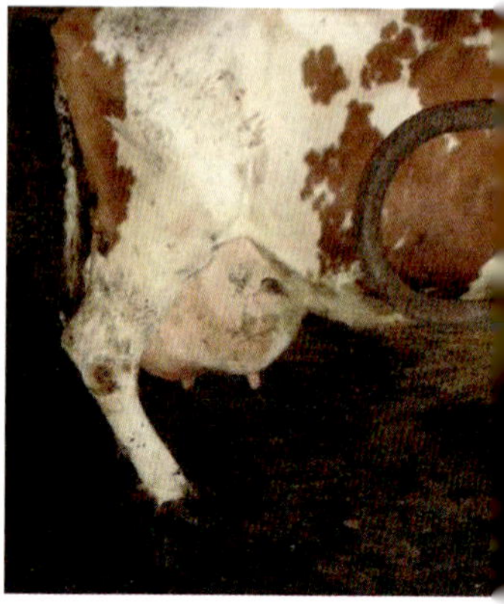

Genetisch schwaches Fundament

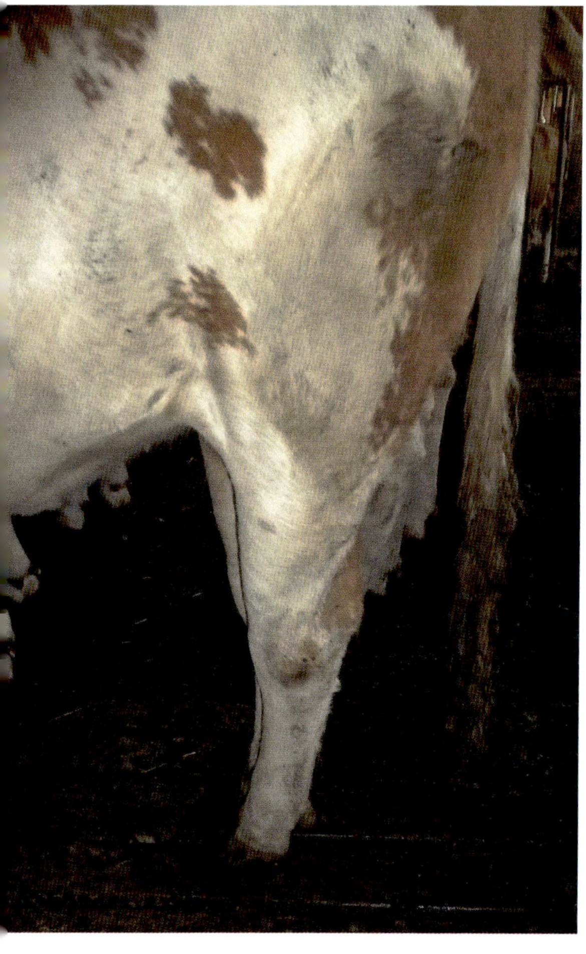
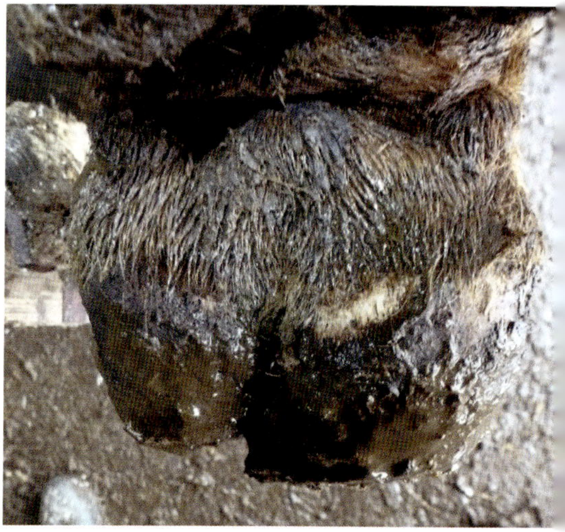

Rollklauen an Innen- und Außenklaue – eher genetische Ursache

Zu steil im Sprunggelenk

klauenspaltes oder die Winkelungen in der Fessel oder im Sprunggelenk betrachtet.

Die Zuchtarbeit und Selektion in Richtung problemloser Fundamente stand Jahrzehnte weit hinten in der Skala der Prioritäten. Meiner persönlichen Meinung nach kommt die Bewertung von Töchtern eines Vatertieres in der ersten Laktation im Hinblick auf die Fundamentkriterien zu spät, um die genetische Komponente eindeutig festzustellen, und sollte besser schon an Kälbern erhoben werden. Ebenfalls Sinn machen würde die Auswertung von Abgangsursachen im Hinblick auf Abstammungsverhältnisse, sofern diese korrekt klassifiziert würden. Eine spezifische Schulung aller mit Exterieurbewertung befassten Organe von Rinderzuchtorganisationen wäre in jedem Fall ratsam, um auch seitens der Genetik in Richtung problemloser Klauengesundheit zu arbeiten: Bodenweite oder kuhhessige Stellungen infolge mangelnder oder falscher Klauenpflege müssen ebenso erkannt werden wie niedrige Trachten als Resultat eines Fehlers beim Klauenschneiden.

Für den Rinderzüchter gilt in jedem Fall die Regel, dass versucht werden sollte, Fehler der Kuh durch die Auswahl eines passenden, korrekten Vererbers zu vermeiden.

Dazu ist die zeitgerechte Beschäftigung mit der Linearbewertung der in Frage kommenden Kandidaten erforderlich, wobei vor allem bei der graphischen Darstellung manchmal Vorsicht am Platz ist.

Klauenpflege

Diesem Thema wird anschließend ein großer Teil des Buches gewidmet sein. Es soll hier nur aus Gründen der Vollständigkeit in der Liste angeführt werden.

Klauenpflege

Bevor wir uns dem handwerklichen Teil, der vermutlich den größten Teil der Leser am meisten interessieren wird, zuwenden, möchte ich mich noch etwas mit der erforderlichen Ausrüstung und dem Arbeitsplatz beschäftigen. Nur wenn mit gutem Werkzeug und Fixierungssystemen gearbeitet wird, kann bei guter Technik der Klauenschnitt rasch, richtig und ohne Verletzungsgefahr für Mensch und Tier erledigt werden. Der Großteil der Rinder lässt die Klauenpflege ohne große Widerstände über sich ergehen, so wie unsereins den Zahnarztbesuch. Man muss sich aber dessen bewusst sein, dass der gesamte Vorgang ungewohnt und in Abhängigkeit von den Umständen mit Stress verbunden ist. Je nach Temperament des Tieres kommt es zu Abwehrbewegungen, auf die man eingestellt sein sollte – vor allem Mutterkühe sind dabei immer für Überraschungen gut ...

Werkzeug

Wir bearbeiten Horn, ein Material, das in Abhängigkeit von der Lokalisation am Hornschuh in seinen Eigenschaften zwischen Holz (Tragrand) und Gummi (Ballen) liegt. Dazu brauchen wir scharfes Werkzeug, das bei geringem Kraftaufwand saubere, glatte Schnitte ermöglicht, um einerseits die Schnittflächen beurteilen zu können (Defekte, Bluteinlagerung) und andererseits Verletzungen der Lederhaut zu vermeiden, die durch den erforderlichen höheren Druck auf das Werkzeug leicht passieren. Ein weiterer Vorteil von glatten Schnittflächen ist, dass diese das Haften von Schmutz und Bakterien kaum erlauben, was vor allem im Ballenbereich von großer Bedeutung ist.

Welche Werkzeuge man für die Klauenkorrektur benötigt, hängt vor allem vom verwendeten Fixierungssystem ab, daneben von persönlichen Vorlieben. Gerade was die Fixierungsmöglichkeiten, sprich Klauenstände betrifft, wird manchmal endlos diskutiert und damit die Nebensache zur Religion erhoben ... Was im Endeffekt als einziges zählt, ist das Ergebnis der Arbeit an der Klaue!

Messer – Arbeitstechnik – Schärfen

In jedem Fall ist für gute Arbeit an der Klaue das Rinnmesser, auch Reißer genannt, das wichtigste Gerät. Es taugt nicht als Statussymbol und doch entwickelt der ambitionierte Klauenpfleger ein fast liebevolles Verhältnis zu seinen Messern.

Im Handel sind die verschiedensten Modelle erhältlich, mit Preisen in einer erstaunlichen Bandbreite, die wiederum nicht unbedingt die Qualität widerspiegeln.

Ich selbst verwende zur vollsten Zufriedenheit Messer mittlerer Preisklasse (~20 Euro pro Stück). Ein gutes Klauenmesser hat einen unlackierten Holzgriff, der Feuchtigkeit aufnehmen kann und dadurch nicht rutschig wird. Die Qualität des Stahls soll mittlere Härte haben. Zu weiche Klingen halten die Schärfe zu kurz, zu harte brechen leicht aus, wenn man auf kleine Steinchen kommt. Die Breite der Klinge be-

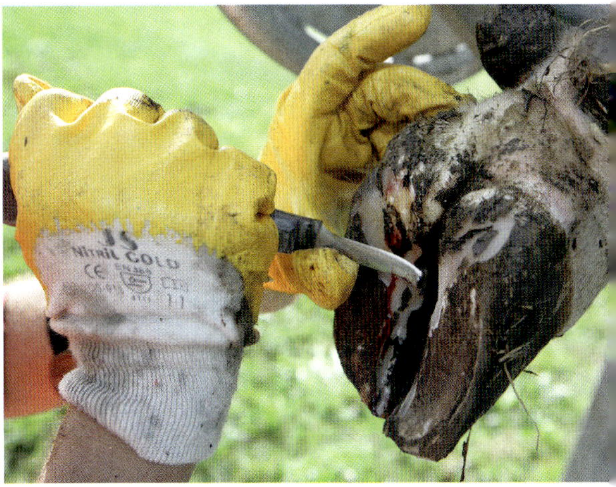

„Drücken" des Messers (Foto: Karin Hofbauer)

stimmt den Radius, in dem man den Schnitt führen kann. Bei der Sanierung von Defekten oder bei Ballenfäule ist ein kleiner Radius erforderlich, sodass Messer mit breiten Klingen von vornherein ausscheiden, ebenso doppelschneidige Messer. Ich persönlich halte diese auch deshalb für gefährlich, weil ich manche Schnitte durch Schieben mit dem Daumen auf den Messerrücken „drücke".

Von diesen schmalen Messern braucht man zwei Exemplare, ein rechts und ein links schneidendes (erkennbar durch einen Blick auf die Schneide: Beim rechten Messer zeigt das Häkchen nach rechts), um alle nötigen Bogen schneiden zu können. Als Rechtshänder wird man zwar 80 % der Arbeit mit dem rechten Messer erledigen, doch auch die restlichen Stellen sind fachgerecht zu bearbeiten.

Der Auslieferungszustand fabrikneuer Messer ist – von Ausnahmen abgesehen – „halbscharf" und sie brauchen einige Schärfvorgänge, um richtig scharf zu werden.

Wie Holzstemmeisen werden Klauenmesser nur an einer Seite geschärft, nämlich innen, während die Außenseite nur abgezogen wird, also der Grat entfernt. Nur so ist ein Schnitt

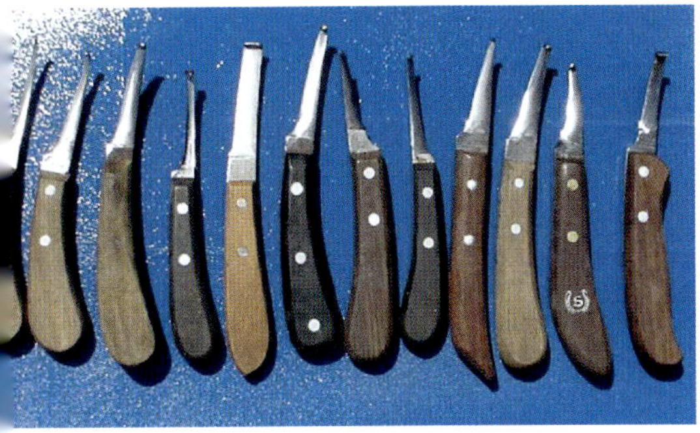

Verschiedene Klauenmesser-Modelle

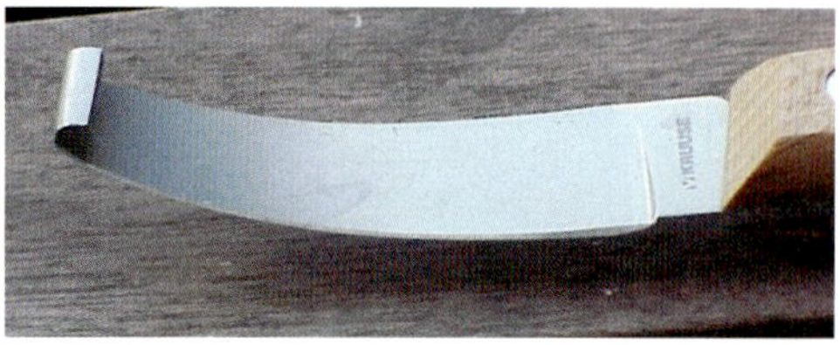

Fabriksneues Messer mit Maschinenschliff – noch unbrauchbar für die Hornbearbeitung

mit flach anliegender Klinge möglich, der nicht ins Horn hineinzieht. Für das Schärfen gibt es mehrere Möglichkeiten, die mit mehr oder weniger Aufwand verbunden sind:

- Die billigste und einfachste Möglichkeit sind **Messerschärfer mit Hartmetalleinsatz**. Damit zieht man, am besten von vorne aus der Rinne heraus, in einem Winkel von etwa 20° mit leichtem Druck über die Schneide, bis an der Außenseite ein feiner Grat entsteht, den man dann mit parallel zur Klinge liegendem Schärfer abzieht. Diese Messerschärfer eignen sich zudem hervorragend zum Präparieren von Küchenmessern, Zangen, Scheren und anderen Schneidwerkzeugen in Haushalt und Werkstatt, sodass sich die Anschaffung zweifellos rentiert.

Messerschärfer: innen wird geschärft

- Alternativ zum vorher genannten Gerät ist auch die Verwendung von **feinen Spezialschleifsteinen** oder (diamantstaubbesetztem) **Wetzstahl** möglich, mit denen man in leicht kreisenden Bewegungen schärft.

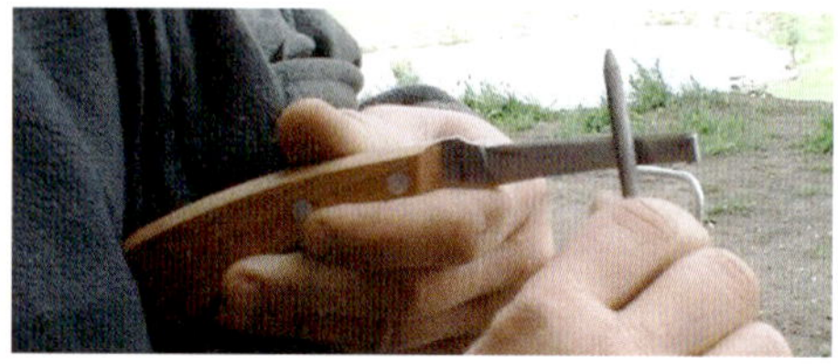

Diamant-Wetzstahl

- Sehr feine Schneiden erreicht man durch den Einsatz **rotierender Maschinen**. Die einfachste Möglichkeit ist eine horizontal eingespannte Bohrmaschine mit einer feinen Schleifpapier-Fächerscheibe zum Schärfen der Innenseite sowie einer Filzscheibe mit Polierpaste zum Polieren und Gratabziehen.

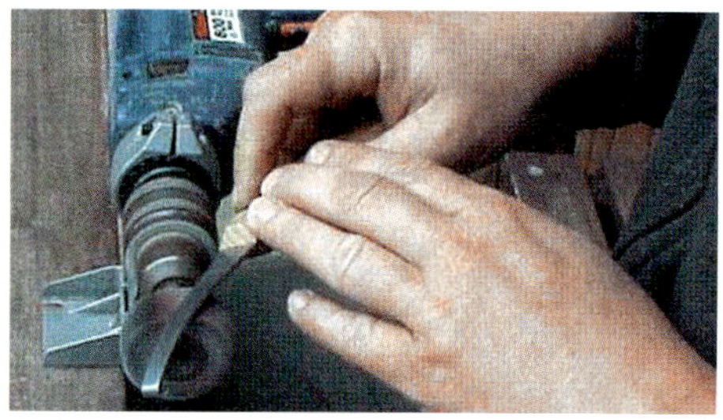

Bohrmaschine mit Fächerscheibe

- Optimale Verhältnisse bietet ein 1–2 cm breites **Schleifband**, das von einem Schleifbock über eine Umlenkrolle läuft, zum Schärfen und danach eine parallel laufende „Fetzenscheibe" aus vernähten Stofflagen für das Finish.

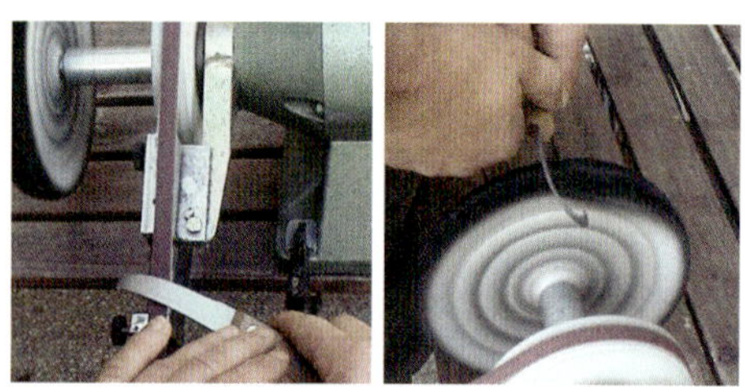

Auch für Winkelschleifer sind entsprechende Aufsätze am Markt.

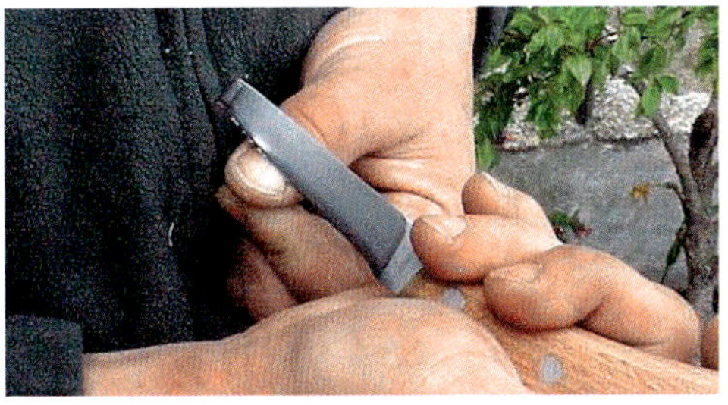

Prüfen der Schärfe

Das Messer ist dann scharf, wenn die ganze Länge der Schneide bei einer Probe an einem Fingernagel regelrecht kleben bleibt und leichtes Schaben kleine Hornflocken produziert.

Die Rinne selbst braucht nicht scharf zu sein, da alle Defekte großflächig beschnitten werden, womit wir auch schon zur Verwendung der Messers kommen. Je nach Zugänglichkeit wird ziehend oder schiebend geschnitten – am besten in dünnen Lagen, um stets kontrolliert Horn abzutragen. Um für im Zuge der Pflege auftauchende Defekte und Feinarbeiten stets noch eine scharfe Klinge zu haben, erledige ich grobe Arbeiten (z. B. den Tragrand) mit dem hinteren Teil der Schneide und „spare" mir das vordere Drittel für Ballenhorn usw.

Die Aufbewahrung der beiden Messer erfolgt bei mir sowohl beim Schneiden wie auch zwischendurch in alten Zitzenbechern, die in einem Stück Fahrradschlauch stecken. Das rechte Messer hat im Griffende eine kleine Kerbe zur Kennzeichnung. Auf diese Weise sind die Schneiden, vor allem aber auch meine Hände geschützt. Die Gummiteile werden nach Gebrauch zusammen mit Schurz und Handschuhe einfach in die Waschmaschine gesteckt und damit die Übertragung von Krankheitserregern zwischen den Betrieben verhindert.

Zangen

Der Standardeinsatz der Zangen bei der Funktionellen Klauenpflege ist die Korrektur der Klauenlänge.

Außerdem braucht man sie zum Kürzen der Afterklauen, was zwar mit der Funktion nichts zu tun hat, aber im Rahmen der Klauenpflege als Routine-Kosmetik mit erledigt wird. Afterklauen sind ähnlich aufgebaut wie die Klauen selbst, enthalten also auch einen kleinen Knochen als Überbleibsel einer Zehe der Urzeit und sind mit Haut und Bändern befestigt. Durch eine Bearbeitung mit dem Winkelschleifer kann

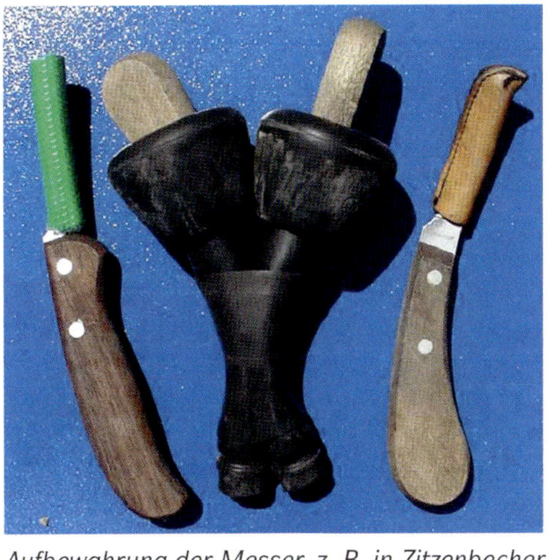

Aufbewahrung der Messer, z. B. in Zitzenbecher

Richtig gekürzte Afterklaue

Die rechte Zange schließt im Bogen

Das Schärfen erfolgt wieder ausschließlich an der Innenseite, die Außenseite wird nur abgezogen.

Klauenzangen

es zu schmerzhaften Zerrungen kommen, weshalb die Afterklauen korrekterweise mit der Zange gekürzt werden. Als Regel für das richtige Längenmaß gilt die Breite der Afterklauen an der Basis.

Ebenfalls hilfreich ist die Zange für das Abzwicken des Tragrands, falls man nur mit Handwerkzeug arbeitet.

Die bei uns handelsüblichen Zangen sind grundsätzlich in drei Formen erhältlich: einfach oder doppelt übersetzt (häufig mit auswechselbaren Schneidplatten) sowie schwere Seitenschneider. Doppelt übersetzte Zangen sind schwerer und daher mit beiden Händen anzuwenden (für lange Stallklauen leider manchmal notwendig), während scharfe einfach übersetzte Modelle auch mit einer Hand gebraucht werden können. Falls die verwendete Zange über eine Stellschraube verfügt, so ist der Abstand zwischen den Schneiden so einzustellen, dass sie beim Zwicken nicht gegeneinander stoßen, um die Schärfe zu halten.

Da bei der Funktionellen Klauenpflege die Länge exakt zu kürzen ist und dabei im Millimeterbereich gearbeitet wird, muss man vor allem bei einer ungewohnten Zange beobachten, ob diese gerade oder im Bogen schneidet – vor allem dann, wenn der abzuzwickende Hornkeil dick ist, damit man die Länge nicht zu kurz erwischt und damit die Lederhaut verletzt!

Winkelschleifer und Scheiben

Während andernorts Klauenpflege nur mit Messer und Zange durchgeführt wird, ist bei uns der Einsatz von Winkelschleifern üblich und aufgrund der Klauenbeschaffenheit in Anbindehaltung fast notwendig – vor allem zur Bearbeitung des harten Horns an Tragrand und Sohle.

Über Winkelschleifer will ich nicht viele Worte verlieren, außer dass aus Gründen der Arbeitssicherheit auf Handgriff und Schutz nicht verzichtet werden sollte! Bei den üblichen 10.000 Umdrehungen pro Minute werden Steine und Hornteile oft mit solcher Wucht weggeschleudert, dass sie böse Verletzungen verursachen können. Die zusätzliche Verwendung von Schutzbrillen ist ebenfalls sehr empfehlenswert. Weitere Maßnahmen (Staubschutz, Gehörschutz ...) hängen von den verwendeten Geräten ab. Bei der Sozialversicherung der Bauern sind dazu hervorragende Merkblätter erhältlich (http://www.svb.at/).

Rotierende Werkzeuge entfernen rasch sehr viel Horn und sollten daher erst dann verwendet werden, wenn man über ein solides Basiswissen der Klauenpflege verfügt! Vor dem Einsatz am lebenden Tier kann man die Handhabung des Gerätes sehr gut an einem größeren kantigen Hartholzstück erproben, das unfixiert flach auf einer Arbeitsfläche aufliegt ...

Wieviel Horn abgetragen wird, hängt von folgenden Faktoren ab:

- Hornbeschaffenheit
- Drehzahl der Scheibe
- Werkzeug (Granulat-/Messerscheibe)
- Anpressdruck

Granulatscheiben

Davon gibt es wiederum die verschiedensten Modelle in allen Preisklassen, wobei nur mehr Metallscheiben verwendet werden sollten. Es kommen nur massive Modelle infrage, da Blechscheiben sehr rasch reißen, was lebensgefährlich sein kann.

Brauchbare Granulatscheibe

> Als Faustregel gilt: Je weniger Granulatbesatz – je grober, desto besser und teurer – die Scheibe.

Gut bewährt haben sich Scheiben mit 30% Belagsdichte. Gedrehte Versionen laufen ruhiger als gepresste. Grobe Scheiben verkleben nicht so leicht und erlauben bei geringem Anpressdruck durchaus feines Arbeiten.

Nachteile der Granulatscheiben sind einerseits die Staubentwicklung (und bei harten Klauen auch die Lärmentwicklung) und andererseits die rauhe Schnittfläche, an der die Beurteilung des Horns manchmal schwer möglich ist. Als Vorteil ist in erster Linie der Preis zu nennen.

Messerscheiben

Auch davon sind unterschiedliche Varianten am Markt: eingelötete Messer/Wechselschneiden; durchgehende und unterbrochene Messer; gerade und konische Scheiben.

Plane Messerscheibe mit Wechselschneiden

Schräges Aufsetzen der konischen Scheibe

Messerscheiben erfordern um einiges mehr Wissen und handwerkliche Übung als Raspelscheiben, zudem eine optimale Fixierung der Klauen. Sie gehören daher nur in die Hand von geübten Personen, weil sonst schmerzhafte und gefährliche Zwischenfälle zu befürchten sind. Verletzungen sind aber leider auch bei bestem Knowhow und Vorsicht nie ganz zu vermeiden. Die plane Aluscheibe mit 10 cm Durchmesser und 6–7 Wechselmessern kann als Einsteigermodell empfohlen werden.

Eine optimale Schnitttechnik mit Messerscheiben gelingt beim Arbeiten mit dem ziehenden, also im Blick auf den Winkelschleifer nach unten laufenden Sektor der Scheibe. Auf einer Uhr wäre das etwa der Bereich von 14 bis 17 Uhr. Beim oft unabsichtlichen Kontakt des steigenden Teils mit der Klaue kommt es zu harten Schlägen.

So wie man kaum ein Rennauto für einen Fahrschüler empfehlen würde, ist auch hier ein behutsames Vorgehen ratsam, das parallel zu Wissen und Übung erfolgen sollte.

Konische Messerscheibe – geschnitten wird nur im Sektor zwischen den roten Balken

Fixierungssysteme

Da Rinder mit sehr unterschiedlicher „Kooperationsbereitschaft“ Klauenpflege brauchen, ist die Verwendung von Fixierungsmaßnahmen nötig. Der Klauenschnitt erfolgt zudem in relativ langen Zeitintervallen, sodass sich auch kaum Gelegenheit zur Gewöhnung an die Geräte und Arbeitsabläufe bietet. Über recht primitive Zwangsstände in so mancher Dorfschmiede, die anno dazumal vornehmlich zum Beschlag von Arbeitsochsen gebraucht wurden, führte der Weg zu modernen Systemen mit guter Arbeitsergonomie.

Im deutschsprachigen Raum führt die DLG (Deutsche Landwirtschaftsgesellschaft) umfangreiche Prüfungen dieser Geräte nach verschiedensten Kriterien (Arbeitssicherheit Pfleger/Tier, Verwendbarkeit von Werkzeugen ...) durch. Die Testberichte sind im Internet frei zugänglich (http://www.dlg.org/de/landwirtschaft/landtechnik/pruefberichte/tierhaltung.html#Klauen) und sollten in jedem Fall vor der Anschaffung eines Klauenstandes als Entscheidungshilfe genutzt werden. Weitere wichtige Kriterien sind die geplante Häufigkeit der Verwendung, Transportmöglichkeit, Platzbedarf und die arbeitstechnische Besonderheiten, auf die später näher eingegangen wird.

Prinzipiell wird, wenn man von den primitiven Notmaßnahmen absieht, an 2 Systemen Klauenpflege betrieben: In Durchtreibeständen werden die Klauen am stehenden Tier gepflegt. Die Beine werden einzeln mit Winden angehoben. In Kippständen wird das Rind in Seitenlage gebracht und alle Füße zur Bearbeitung fixiert. Die Verteilungshäufigkeit der Systeme ist regional sehr unterschiedlich. Die Stressbelastung für das Rind ist nach neuen Untersuchungen ziemlich gleich und eher von der Dauer der Manipulation abhängig.

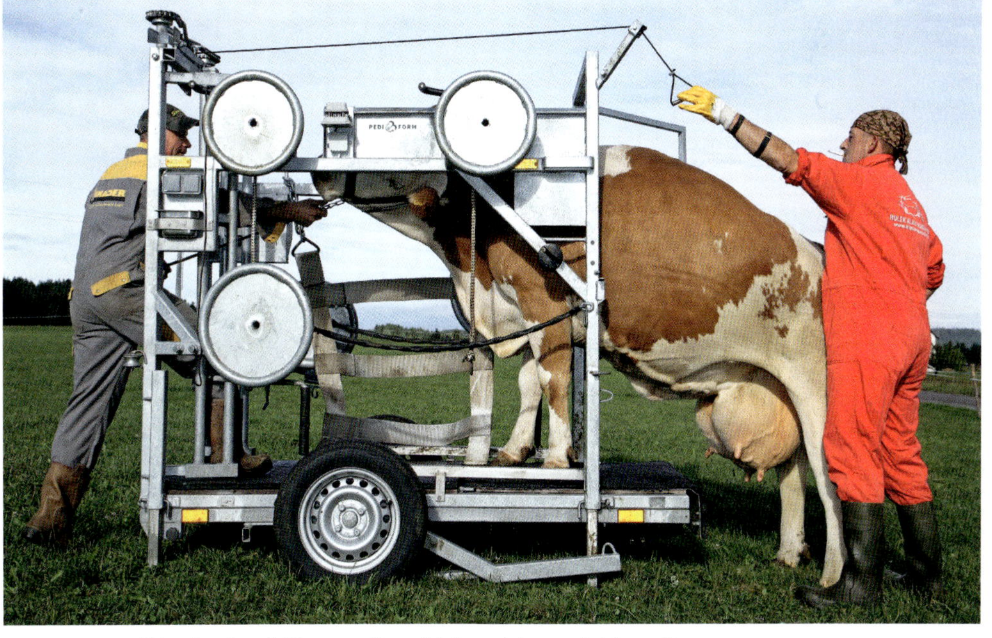

Die „Lust auf Klauenpflege“ ist meistens nicht groß. (Foto: Karin Hofbauer)

Ein enger Zutrieb erspart ...

... großteils „Diskussionen".

An dieser Stelle gleich einige praktische Hinweise zum Aufstellen des Standes: Vermeiden sollte man allzu lange Wege beim Herantreiben, da es dabei häufig zu weiten Anmarschschleifen kommt. Günstig sind provisorische Abgrenzungen mit Weidezaunbändern, Gittern, Schaltafeln usw. Weiters sollte der Weg nicht über Sand oder Schotter führen, um einerseits die Werkzeugschneiden nicht zu ruinieren und andererseits das Eindringen von Steinchen in frisch beschnittene Defekte am Rückweg in den Stall zu verhindern. Zu guter Letzt tut man gut daran, das Sonnenlicht (oder Licht von Arbeitsscheinwerfern) über den Rücken fallen zu lassen, um blendfrei arbeiten zu können.

Aufgrund der Häufigkeit von Lahmheiten in Milchviehherden, der ökonomischen Notwendigkeit von raschen und effizienten Maßnahmen, der Infektionsvorbeugung und nicht zuletzt der Arbeitsbelastung der Rinderhalter sollte in Beständen ab etwa 30 Kühen jedenfalls die Errichtung einer betriebseigenen Pflegestation professioneller Standard werden, insbesondere dann, wenn Ställe um- oder neu gebaut werden.

Der ideale Platz für einen Klauenstand liegt im Ablauf nach dem Melkstand (wo das Klauenproblem einer Kuh meist zuerst erkannt wird), von wo die Kuh nach dem Melken ohne große Aufregung von einer Person durch einen Gang (Gatter, Kette ...) zur Pflegestation getrieben werden kann, um ohne Zeitverzug behandelt zu werden. Der Platz selbst sollte über gute Lichtverhältnisse sowie Strom- und Wasseranschluss verfügen.

Pflegestation im Ablauf nach dem Melkstand

Primitive Notmaßnahmen

Wer das Anheben eines Beins an einer unwilligen Kuh schon versucht hat, wird mir bestätigen, dass derartige Versuche des Öfteren scheitern oder schmerzhaft enden. Sie sind von einer Einzelperson nur schwer durchführbar. Am besten gelingen noch Varianten mit einem Seil, einer Stange oder einer Klammer oberhalb des Sprunggelenks ..., die aber auch kein vernünftiges Arbeiten erlauben.

Irgendwie geht´s immer, wenn´s sein muss ...

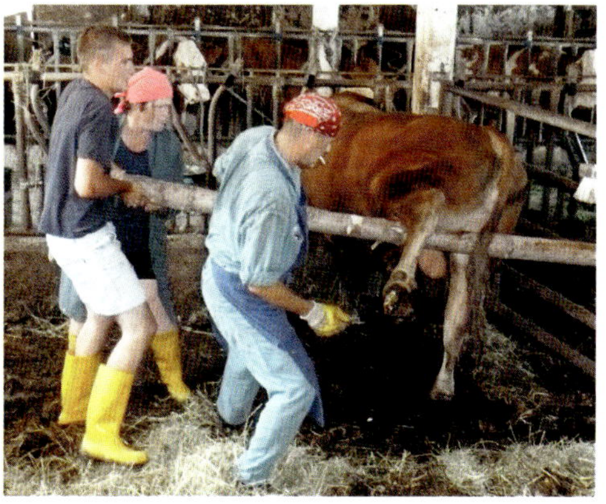

Notmaßnahme im Stall – bei Stieren oft der einfachere Weg

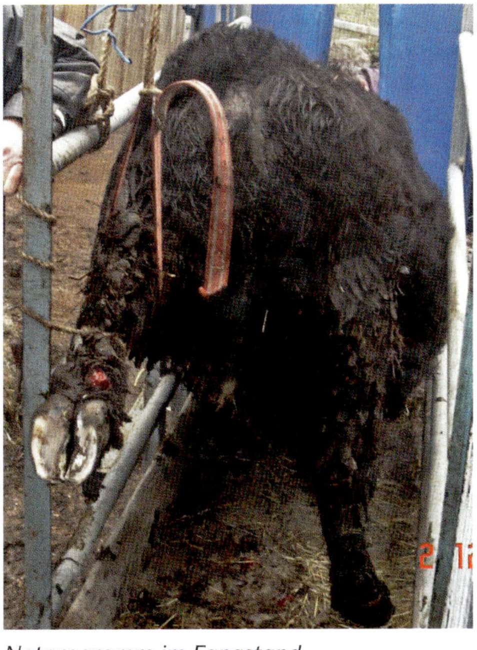

Notprogramm im Fangstand

Durchtreibestand

Moderne Stände dieser Bauart unterscheiden sich von alten Geräten ganz wesentlich durch leichte Bedienbarkeit, gute Fixierung der Beine (samt Hebe- und Absenkvorgang), angenehme Arbeitshöhe und Standfestigkeit. Durch ihre natürliche, stehende Körperhaltung kommt es zu etwas mehr Abwehrreaktionen der Tiere, die aber kaum zu Verletzungen führen.

Neben den meist deutlich niedrigeren Anschaffungskosten bietet der Durchtreibestand sehr gute optische Verhältnisse, was die Achse des Mittelfußknochens und die Sohlenflächen betrifft. Dadurch gelingt es auch Personen, die nicht so häufig Klauen schneiden, zu einem guten, richtigen Endergebnis zu gelangen. Auch das Schneiden mit dem Messer von oben nach unten bzw. umgekehrt fällt meist leichter. Beim Arbeiten mit dem Winkelschleifer kann dieser (meistens) beidhändig geführt werden, da die

Vollhydraulischer Durchtreibestand – die Kuh wird damit auf eine optimale Arbeitsposition angehoben.

Klauen sehr gut fixiert sind. Nachdem der Kopf der Kuh im Halsrahmen fixiert und der Stand hinten geschlossen ist, empfehle ich aus meiner Erfahrung die Fixierung zumindest eines Hinterbeins. Es hat sich dabei bewährt das Tier anzusprechen und am Oberschenkel leicht abzuklopfen, um es auf das Anlegen der Fußfixierung vorzubereiten. So ist man beim Anlegen der Bauchgurte, dem nächsten Schritt, relativ sicher vor einem Tritt – egal ob dieser durch die innere Anspannung aus einem Reflex heraus oder aus Widerspenstigkeit passiert.

Danach hebe ich ein Vorderbein und diagonal ein Hinterbein zum Schneiden an, wodurch die Tiere meist wesentlich ruhiger stehen als beim Aufheben eines einzelnen Beins.

Bei großträchtigen Kühen muss der Klauenschnitt besonders schonend durchgeführt werden, weshalb ich die Füße einzeln hebe, um

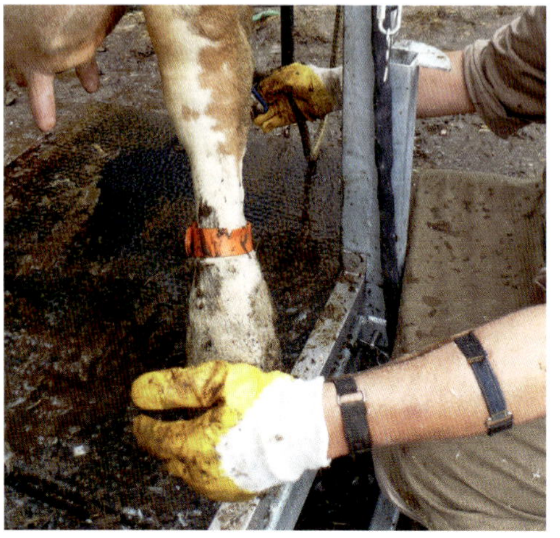

Fixierung des Hinterbeins

möglichst ein massives Hineinlegen in die Gurte zu verhindern. Generell ist zu sagen, dass die mechanische Belastung beim Klauenschnitt – egal in welchem System (sofern es fachgerecht eingesetzt wird) – im Hinblick auf ein Verwerfen weniger Risiko darstellt als die Aufregung oder Angst des Tieres beim Treiben und der Verweildauer im Stand (was ziemlich logisch erscheint, wenn man weiß, dass man mit synthetischen Stresshormonen beim Rind die Geburt einleiten kann).

Es gilt also die Regel: Nett sein und rasch arbeiten!

Ein paar Worte noch zu Klauenpflegehilfen, die von Stallbaufirmen zur Montage auf Trennbügeln angeboten werden: Liegeboxen sind als „Klauenstand" zu breit, wodurch die Kühe sehr viel Bewegungsmöglichkeit nach der Seite haben und sich fallweise sogar in den Gurten zur Seite rollen. Das Arbeiten an den Hinterbeinen ist halbwegs machbar, beim Schneiden der Vorderbeine ist jedoch meist der Trennbügel ein Arbeitshindernis. Das Eintreiben in diese „Stände"

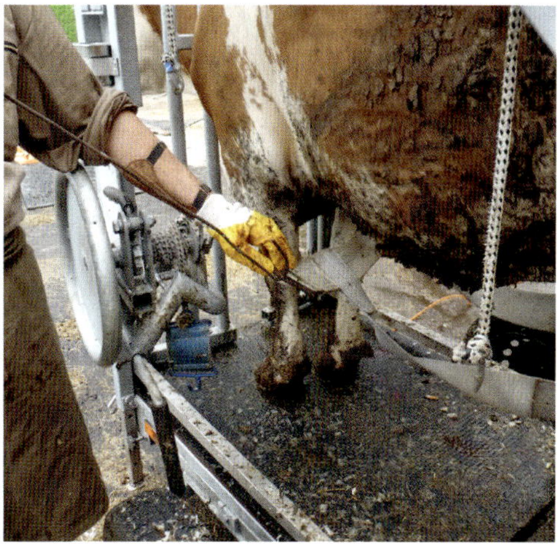

Anlegen des Bauchgurts

bereitet ebenfalls oft große Schwierigkeiten. In Summe gesehen rate ich zur Anschaffung eines speziellen Klauenstandes, der sich im Preis oft nur wenig unterscheidet und bei Platzmangel im Stall mobil einsetzbar ist. Die Liegebox, das Bett der Kuh, ist keine gute Pflegestation.

Für die folgenden Passagen, die sich mit den Eigenheiten des Kippstands beschäftigen, habe ich Ing. Franz Wolkerstorfer als Co-Autor gewinnen können, der seit Jahrzehnten an diesem Gerät arbeitet, tausenden Kühen die Klauen korrigiert und korrigiert hat und als Berater bei der LK OÖ und Lehrklauenpfleger alle Aspekte der Klauengesundheit kennt.

Kippstand (von Ing. Franz Wolkerstorfer)

Ein Kippstand ist ein mit einer elektrisch angetriebenen Hydraulikpumpe und doppelt wirkendem Hydraulikzylinder schwenkbarer Tisch.

Durch den Beginn der Entwicklung von Kippständen vor mehr als 20 Jahren kam es zu einer willkommenen Alternative zu den damals teilweise sehr mangelhaft ausgeführten Durchtreibeständen. Vorteile in puncto Arbeitssicherheit, Arbeitshöhe und gleichzeitiger Zugang zu allen vier Füßen führten zu einer raschen Verbreitung der Kippstände in Österreich. Mittlerweile gibt es in fast allen Gemeinden mit Rinderhaltern eine Klauenpflegestandgemeinschaft mit einem oder mehreren Kippständen. Die positive Weiterentwicklung der Klauenpflegestände erübrigt eine Diskussion pro oder contra Kippstand/Durchtreibestand.

> An erster Stelle für die Auswahl des Arbeitsgerätes muss die Sicherheit für Mensch und Tier stehen.

Weitere Kriterien sind die Art des Einsatzes – Gemeinschaftsgerät oder betriebseigen, mobil oder fix eingebaut usw. Hier kommen immer wieder auch sehr persönliche Ansichten zum Ausdruck. Entscheidend ist für mich das Ergebnis und damit die Qualität der Klauenpflege selbst.

Folgende Arbeitsschritte ergeben sich in der Praxis bei der Verwendung eines Kippstandes.

Zutrieb: Die Tiere können mit einem Halfter an den Stand herangeführt werden. Dazu ist es empfehlenswert, bei den Rindern einen Sichtschutz zu verwenden. Der Eintreibbügel erleichtert die Ausrichtung der Tiere in Längsrichtung. Eine Fangvorrichtung, bei der ein Halsrahmen mittels Seilzug verriegelt wird, ermöglicht den freien Zutrieb der Tiere. Anschließend ist der Kopf mit dem Halsgurt zu fixieren. Gerade bei Laufstallkühen kann ich eine Fangvorrichtung zum losen Eintrieb nur empfehlen.

Fixierung der Tiere: Die Befestigung der Tiere erfolgt mit einem Längsgurt und zwei untereinander verbundenen Bauchgurten. Als erstes wird der Längsgurt der zur Stabilisierung der Hinterhand während des Schwenkens der Tiere dient, an der Wickelstange eingehängt. Als Nächstes werden der hintere und dann der vordere Bauchgurt befestigt. Besonders wichtig ist, dass der hintere Bauchgurt über dem Be-

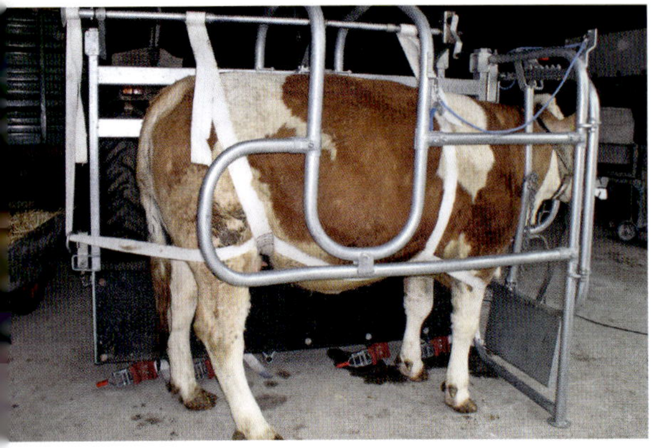

Fixierung des Tieres mit einem Längs- und zwei Bauchgurten

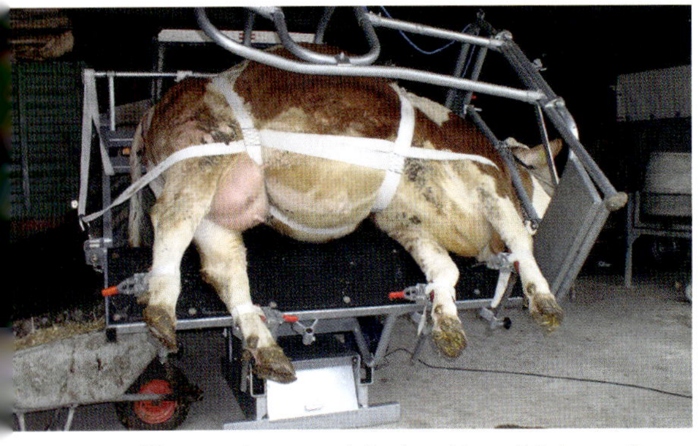

Kippen der gepolsterten Liegefläche auf vorerst 45° ...

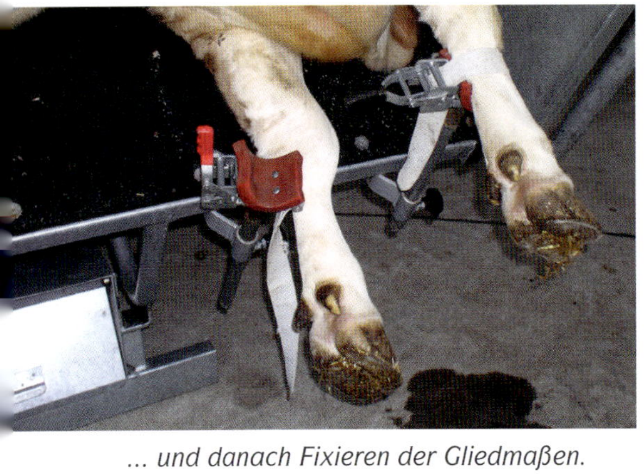

... und danach Fixieren der Gliedmaßen.

cken, also zwischen Hüfthöcker und Sitzbein, verläuft, damit es zu keinen Belastungen für die Tiere im Bereich der Hungergrube und der Querfortsätze der Wirbelsäule kommt. Besonders wichtig ist eine optimale Gurtbefestigung bei trächtigen Tieren. Die Enden der beiden Bauchgurte sollten sich auf gleicher Höhe befinden. So wird ein gleichmäßiges Ausheben der Tiere und gute Gewichtsverteilung erzielt. Eine als Zusatzeinrichtung lieferbare elektrische Winde für die Wickelstange zur Gurtspannung erleichtert diese Tätigkeit.

Fixierung der Gliedmaßen: Nach der Befestigung des Tieres an der mit einer Gummimatte abgepolsterten Liegefläche wird diese vorerst um 45° geschwenkt. In dieser Position werden dann die Füße befestigt. Dabei wird, um Trittverletzungen zu vermeiden, mit dem oben liegenden Bein der Hintergliedmaßen begonnen. Die Vordergliedmaßen werden in der gleiche Reihenfolge fixiert. Die Fußhalter sind höhenverstellbar und sollten auf die optimale Arbeitshöhe angepasst werden.

Vor Beginn der Klauenpflege sollte die Fixierung des Längsgurtes überprüft werden. Ist dieser zu Straff, kann es, wenn das Tier zu lange am Kippstand liegt, im Schulterbereich zu Nervenlähmungen führen. Dadurch knickt dann beim Wegtreiben des Tieres ein Vorderfuß ein.

Klauenpflege: Die Arbeit erfolgt in aufrechter Haltung und kann nun entsprechend den 5 Schritten der funktionellen Klauenpflege durchgeführt werden. Die Betrachtung der Klauen hinsichtlich gleicher Höhe ist beim Kippstand durch die verdrehte Optik wesentlich schwieriger als bei einem Durchtreibestand. Dies erfordert Übung und ein Gespür für die richtig gepflegten Klauen. Hier machen Landwirte und auch selbsternannte Klauenpflegeprofis oft unbeabsichtigt Fehler, die zu vermehrten Klauenproblemen führen.

Nach der Klauenpflege werden dann alle Gurte in umgekehrter Reihenfolge der Befestigung gelöst.

Noch einige Gedanken zur Klauenpflege selbst. Vielfach wird das Können eines Klauenpflegers nach der Anzahl der beschnittenen Tiere in der Stunde beurteilt, ohne dass die Qualität der Arbeit richtig eingeschätzt wird. Verständnis ohne Wissen ist unmöglich. Nur wer weiß, wie eine Klaue aufgebaut ist und funktioniert, der wird den Sinn der Funktionellen Klauenpflege verstehen.

Fehler sind menschlich und nicht immer vermeidbar, nur sollten sie bemerkt werden, bevor es die Tiere in Form von Lahmheiten zeigen.

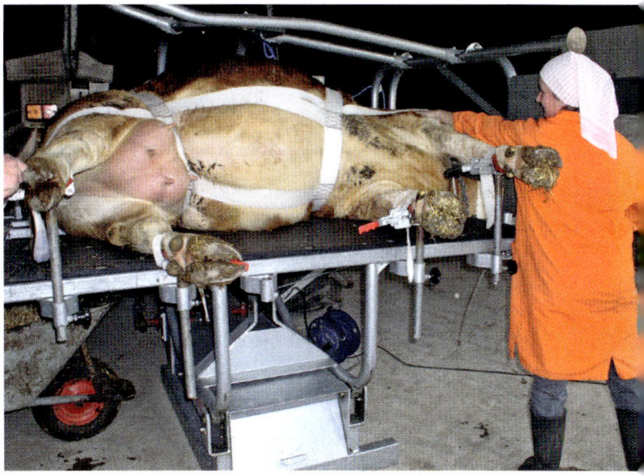

Wenn die Liegefläche vollständig gekippt ist, kann die Klauenpflege beginnen.

Auswahl und Beurteilung der Tiere, Klauenpflegeplan, Protokoll

Während es früher bei kleineren Beständen (in Anbindehaltung) und niedrigerer Milchleistung üblich war, 1–2-mal im Jahr allen Kühen die Klauen zu schneiden, geht man heute immer mehr zu einem anderen Modus über, um stets gute Verhältnisse an den Klauen zu erhalten und Lahmheiten vorzubeugen, die, wie eingangs erwähnt, viel Geld kosten. Die so genannte Anlass-Klauenpflege, also die Behandlung lahmer Tiere, sollte sich dadurch weitestgehend vermeiden lassen. Ein weiterer Aspekt der Bestandsklauenpflege ist die Stressbelastung der Milchviehherde (samt dem damit verbundenen Milchleistungsabfall, der ein Resultat des gestörten Tagesablaufs, des Treibvorgangs und der Klauenpflege darstellt, und bei guten Verhältnissen nicht mehr als 10 % ausmachen sollte) und natürlich auch der Menschen, die mit den Kühen arbeiten.

Zur richtigen Auswahl der Tiere, die Klauenpflege brauchen, stehen uns neben den Erfahrungswerten des Herdenmanagers heute 2 gute Bewertungssysteme zur Verfügung – international „Score“ genannt:

Locomotion Scoring (Bewegungsbeurteilung)

Das „Locomotion Scoring“ beurteilt die Rückenkrümmung des Tieres. Kühe, die Schmerzen in den Beinen haben, krümmen zuerst in der Bewegung, in schlimmeren Fällen auch schon im Stehen den Rücken nach oben, und das noch bevor sie einzelne Füße entlasten, also lahm gehen. Zu der fünfstufigen Skala wurden Wirtschaftlichkeitsberechnungen erstellt, die beispielsweise besagen, dass Kühe in der Stufe 3 (Rücken im Stehen und Gehen gekrümmt – ohne Lahmheit) schon um 5 % weniger Milch geben und zudem erheblich schlechtere Fruchtbarkeitsdaten aufweisen. (Im Internet findet man dazu ein sehr gutes Video unter http://www.de.availa4.com/locomotion/index.html)

Die Beurteilung lässt sich sehr leicht an allen Tieren durchführen, wenn die Herde im War-

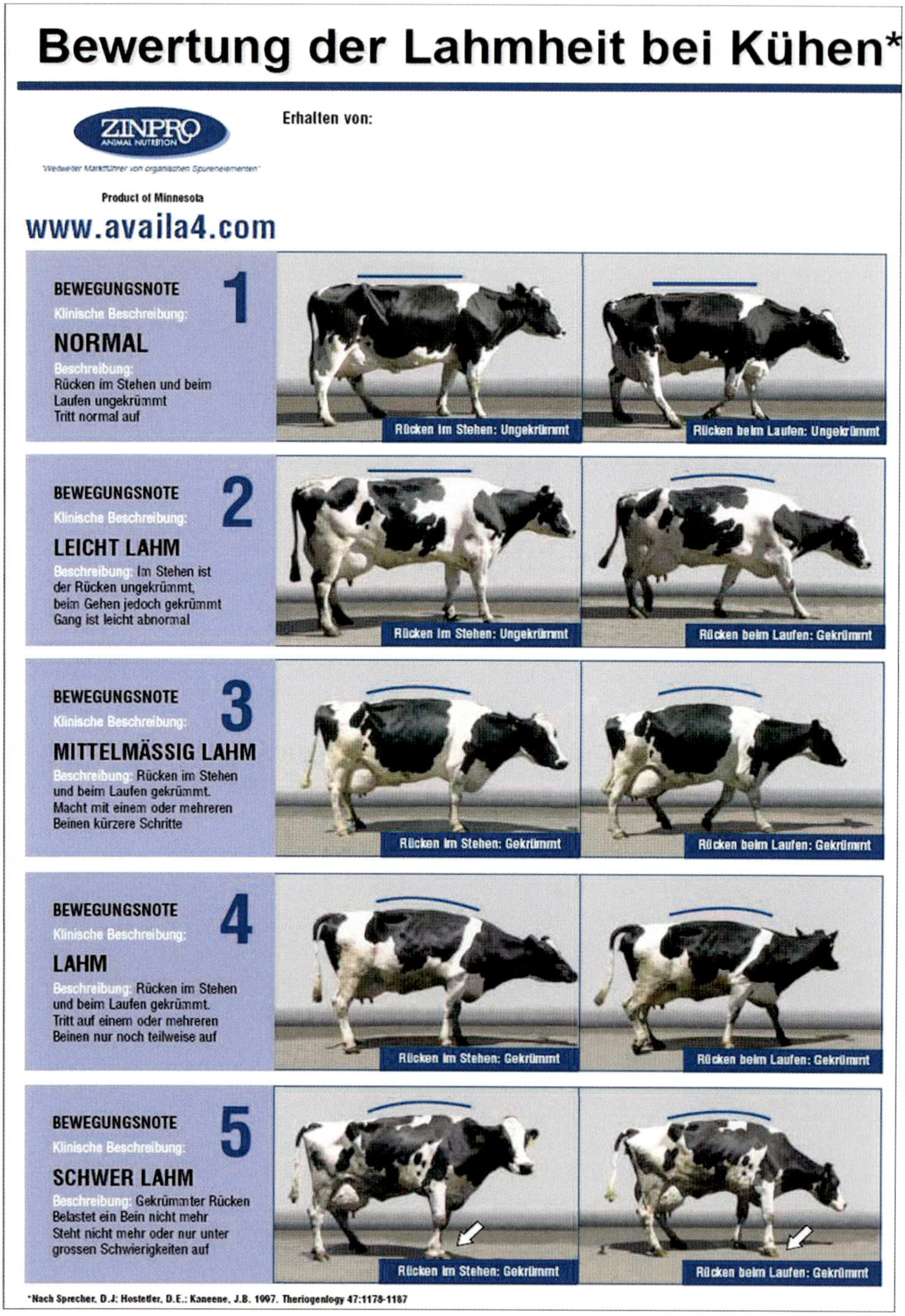

Locomotion Scoring – mit freundlicher Genehmigung von ZINPRO

Beurteilung beim Stehen im Freßgitter

mindestens Locomotion Score 3

teraum vor dem Melkstand oder nach dem Melken beim Fressen steht.

Bei meinen Betriebsbesuchen kann ich damit vor allem in größeren Herden sehr schnell abschätzen, wie der Zustand der Klauen ist, und den Prozentsatz der lahmen Tiere im Hinblick auf die wirtschaftlichen Auswirkungen des Problems beurteilen. In Großbetrieben bietet sich der Rücktrieb vom Melkstand/Karussell an, den die Tiere i. d. R. einzeln passieren.

Foot Scoring (Fußbeurteilung)

Wie wir bereits wissen, treten Klauenprobleme hauptsächlich an den hinteren Außenklauen auf, da diese als Reaktion auf die Mehrbelastung mehr wachsen als die Innenklauen. Die Kuh möchte aber das Gewicht des Beins auf beiden Klauen tragen, was ihr bei höheren Außenklauen nur gelingt, wenn sie den Unterfuß schräg am Boden aufsetzt. Dabei dreht sie die Klauenspitzen nach außen und die Sprunggelenke nach innen. Die Stellung wird also kuhhessig oder „hackeneng", wie die Norddeutschen dazu sagen. Beim Foot Scoring beurteilen wir folgerichtig den Winkel des nach hinten verlängerten Zwischenklauenspalts (als ob man ein Stäbchen durchstecken würde) zur Längsachse (Wirbelsäule) der Kuh in 3 Stufen:

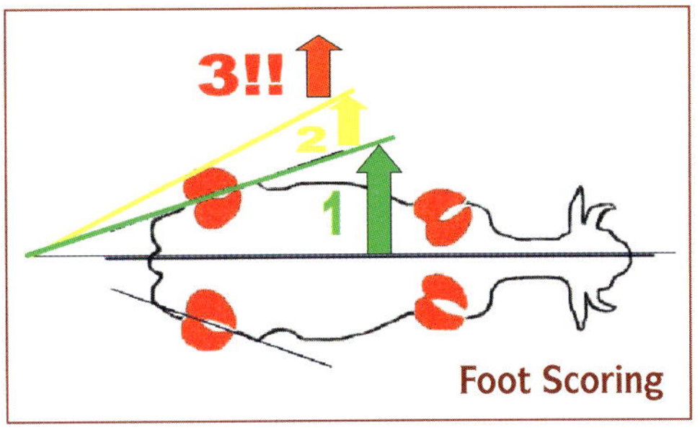

1. Stufe: 0–17° – die Hinterbeine stehen (fast) parallel, die Außenklauen sind (fast) gleich hoch wie die Innenklauen. In der Herde sollten an die Dreiviertel der Tiere so stehen.
2. Stufe: 17–23° – die Außenklauen sind höher. In diese Gruppe fallen auch oft richtig und frisch gepflegte Tiere, deren Knochen und Gelenke nicht (mehr) optimal gestellt sind.
3. Stufe: über 23° – diese Tiere haben deutlich zu hohe Außenklauen und sollten sobald wie möglich gepflegt werden, um nicht lahm zu werden!

Als Hilfsmittel kann eine Karte gute Dienste leisten, auf der die Winkel eingezeichnet sind und mit der man hinter den Kühen stehend die Fußstellung beurteilen kann. Am besten bietet sich in den meisten Laufställen Gelegenheit, wenn alle Kühe im Fressgitter fixiert sind – bzw. im Side-by-side-Melkstand oder Melkkarussell.

Tierauswahl, Klauenpflegeplan und Protokoll

Welche Tiere werden also geschnitten – egal, ob nun ein professioneller Klauenpfleger oder der Landwirt selbst diese Arbeit erledigt? Bei von mir gepflegten Herden setzt sich diese Tiergruppe folgendermaßen zusammen:

- Alle Kühe (und großträchtigen Kalbinnen), die in den nächsten Wochen trockengestellt werden oder wurden. Aufgrund der wirtschaftlichen Folgen einer Lahmheit im ersten Laktationsdrittel und der relativ hohen Wahrscheinlichkeit von Lahmheitsauslösern um die oder knapp nach der Geburt sind diese Tiere unabhängig von allen Bewertungen „Fixstarter".
- Alle Kühe, die Lahmheit zeigen oder mit gekrümmtem Rücken gehen. In diese Gruppe fallen erfahrungsgemäß auch chronisch klauenkranke Kühe (Klauenrehe).
- Alle Kühe mit Stufe 3 bei der Fußbeurteilung.
- Kalbinnen um den Besamungstermin oder knapp danach, die nicht mehr in Stufe 1 sind, deren Hinterbeine also nicht mehr parallel stehen, oder die zu lange Klauen haben (Tiefstreu).

Höchste Zeit für Klauenpflege!

Je nach Herdengröße kommt man mit dieser Auswahl zu einer überschaubaren Gruppe von Tieren, die im Laufe einiger Stunden gepflegt werden kann. Der Termin ist gut planbar und in die Arbeitsabläufe im Betrieb zu integrieren. Klauenpflege ist Arbeit und bedeutet Investition von Zeit oder Geld. Durch gute betriebsspezifische Planung verhindert man größere Probleme, hält den Arbeits- und Zeitaufwand für die Klauenkorrektur gering und erkennt Fehler im System (Fütterung usw.) rasch. Die Effizienz ist daher sehr hoch!

Ein paar motivierende Worte zur Klauenpflege bei Kalbinnen: Es hat sich mittlerweile herumgesprochen, dass Kinder gute und neue Schuhe brauchen, damit die Knochen richtig wachsen, und keinem Menschen würde es einfallen, den eigenen Kindern die abgetragenen „Hatscher" der Nachbarskinder anzuziehen. Genau dasselbe gilt beim Rind, denn durch die rechtzeitige Korrektur des „Schuhs", also der Klauen, lässt sich das Knochenwachstum in die richtige Richtung lenken, auch wenn die Anlagen nicht optimal sind. Meist beschränkt sich die Klauenpflege ohnehin darauf, die Höhe der Außenklaue an die der Innenklaue anzupassen. Das ist die beste Investition in die Fußgesundheit der Kuh von morgen! Ich weiß, dass die Kalbinnen meist nicht die besten Manieren

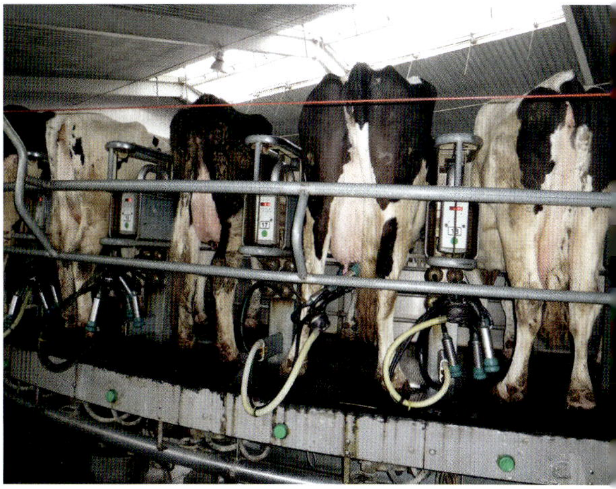

Foot Score ist beim Melken gut zu bewerkstelligen.

haben und Sanftmütigkeit nicht unbedingt ihre starke Seite ist ... aber es lohnt sich! In der ersten Laktation haben die Tiere ohnehin genug Belastung seitens des Stoffwechsels, des Herdengeschehens usw., sodass Lahmheiten unbedingt vermieden werden sollten.

Ein wichtiger Nebenaspekt einer korrekten Fußstellung ist das Schenkelekzem, das durch die Reibung von der Euterhaut auf der Haut des Unterschenkels entsteht, besonders dann, wenn die Erstlingskühe ein starkes Euterödem haben. Bei kuhhessiger Stellung, das heißt engen Sprunggelenken, verstärkt sich die Reibung in diesem sensiblen Bereich. Es kommt zu dieser schmerzhaften Erkrankung und in deren Gefolge oft zu tiefen Infektionen. Gute Klauenpflege schafft Platz für das Euter.

In welchem Intervall soll man die Klauen pflegen? Zu diesem Thema wurden in Hannover wissenschaftliche Untersuchungen an Messwandlerplatten gemacht, die die Belastungsverhältnisse an der Fußungsfläche bestimmten. Die Messungen fanden an den Hinterbeinen vor und sofort nach richtiger Klauenpflege statt und wurden in weiterer Folge in wöchentlichen Abständen wiederholt. Vor der Pflege war der am stärksten belastete Bereich im hinteren Teil der Außenklaue; nach der Pflege verschob sich die Belastung sowohl auf die Innenklaue als auch insgesamt in den Bereich der Klauenspitzen. Im Lauf von etwa 4 Monaten wanderte die Gewichtsaufnahme zurück in die Ausgangssituation. Diese Untersuchung legt

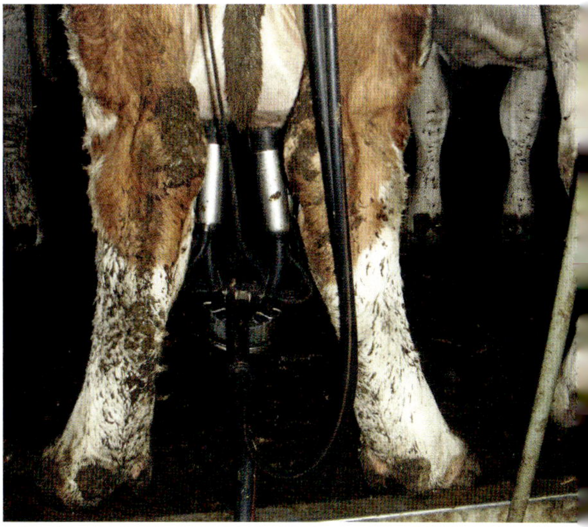

Kuhhessige Stellung führt zum Reiben der Schenkel am Euter.

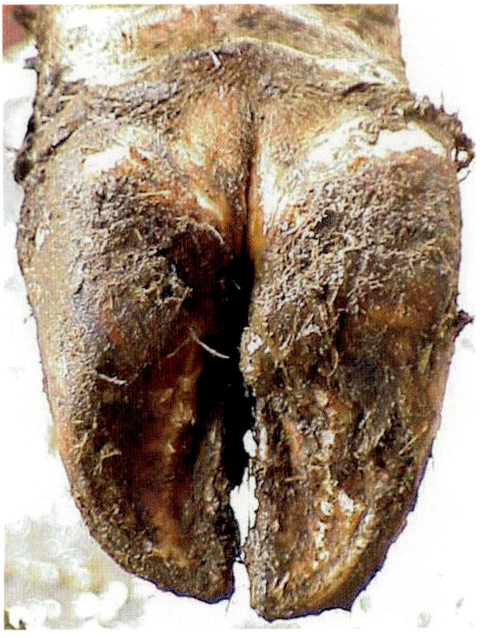

Fußungsfläche einer trächtigen Kalbin

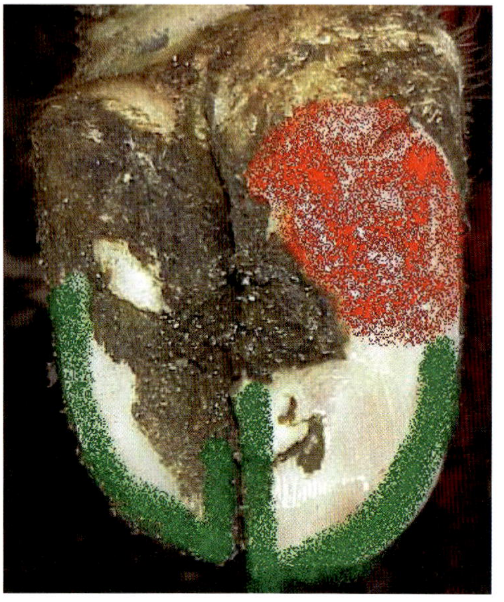

Rot: Belastung vor der Klauenpflege, grün: korrekte Belastungsverhältnisse nach der Funktionellen Klauenpflege

daher ein Pflegeintervall von 4 Monaten nahe, um der Kuh angenehmes Gehen zu erhalten. Da die Ergebnisse aus technischen Gründen am stehenden Tier erhoben wurden und in der Bewegung sicherlich noch eindrucksvoller ausgefallen wären, sollte die Klauenpflegepraxis dementsprechend abgeändert werden.

Dokumentation

Egal, wer nun die Klauen schneidet, das Bild sollte in geeigneter Form festgehalten werden. Es gibt mittlerweile gute Formulare für diesen Teil der Arbeit, die schnell ausgefüllt sind und einen mehrfachen Nutzen mit sich bringen. Einerseits dient das Protokoll häufig als Grundlage zur Verrechnung für den Berufsklauenpfleger und gilt im Streitfall mitunter als Nachweis für Sorgfalt. Noch wichtiger sind die Aufzeichnungen als Hilfsmittel zur Bestimmung eines guten Intervalls für den Klauenschnitt im Betrieb, da es gilt, dem Wanddefekt bei Kuh A beim nächsten Klauenschnitt zuvorzukommen und damit Lahmheit zu verhindern. Tauchen bestimmte Defekte zeitlich oder an bestimmten Klauen gehäuft auf, so kann das Protokoll eine wertvolle Hilfe beim Auffinden der Ursachen geben.

Mit einer elektronischen Erfassung sehr großer Datenmengen und deren Analyse könnte auch die Zucht profitieren.

> Es sollte also Standard bei der Klauenpflege werden, die Ergebnisse – zumindest alle Abweichungen von der Norm – zu dokumentieren!

Beitrag von Robert Pesenhofer zum Thema Dokumentation

In den letzten Jahrzehnten hat sich in der Klauenpflege ein enormer Wandel vollzogen. Stand früher die behandelnde und versorgende Klau-

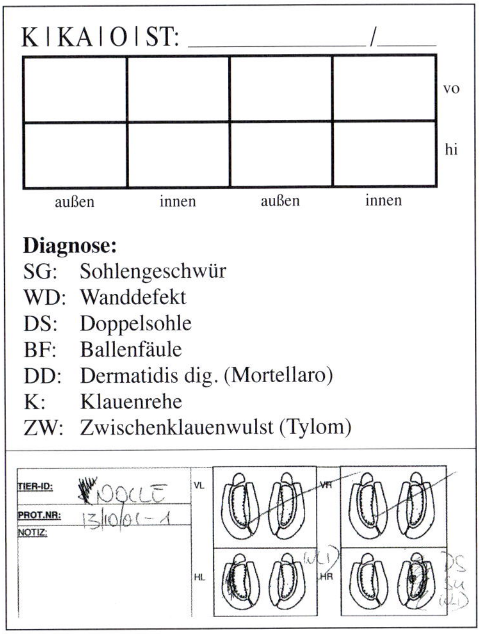
K I KA I O I ST: ______________ /_____

vo
hi
außen innen außen innen

Diagnose:
SG: Sohlengeschwür
WD: Wanddefekt
DS: Doppelsohle
BF: Ballenfäule
DD: Dermatidis dig. (Mortellaro)
K: Klauenrehe
ZW: Zwischenklauenwulst (Tylom)

Protokoll-Formulare

enpflege im Vordergrund, so liegt heutzutage das Hauptaugenmerk auf der vorsorgenden, gesamtbetrieblichen funktionellen Klauenpflege. Die Notwendigkeit der Dokumentation stand weder früher noch heute zur Diskussion, doch gerade bei der prophylaktischen Klauenpflege wird die immense Bedeutung einer fundierten, nachvollziehbaren Dokumentation deutlich.

Die technischen Entwicklungen der letzten Jahre machen auch vor der Klauenpflegedokumentation nicht Halt. Während bei Einzeltieren ein schriftliches Notieren aller Befunde im Stallbuch oder einem Klauenpflegeprotokoll vollkommen ausreichend war, bieten moderne, elektronische Dokumentationsvarianten viele Möglichkeiten, das Dokumentierte für den gesamten Betrieb positiv zu nutzen.

Entwicklung

Über viele Jahre hinweg wurde die Klauenpflege, wenn überhaupt, schriftlich dokumentiert. Die Vorlagen zur Dokumentation änderten sich im Laufe der Zeit, der Arbeitsaufwand der Dokumentation blieb mehr oder weniger immer der gleiche. Bei einer mäßigen Anzahl von Kunden bei vorwiegend Klein- und Mittelbetrieben ist diese Form der Dokumentation ausreichend.

Probleme entstehen aber spätestens dann, wenn man später auf diese alten Protokolle zurückgreifen möchte: der Landwirt hat die Zettel meist irgendwo abgelegt (oder auch nicht) und beim Klauenpfleger türmen sich riesige Berge von meist übelriechenden, kuhkot-befleckten Zetteln. Das Auffinden einzelner Protokolle ist mit einem großen Suchaufwand verbunden.

In der professionellen Klauenpflege hat mittlerweile die elektronische Datenerfassung Einzug gehalten. Das zur Zeit in Österreich am häufigsten verwendete Softwareprogramm „Klauenmanager" bietet viele Möglichkeiten, Daten zu erfassen und zu verarbeiten.

Elektronische Datenerfassung mit dem Klauenmanager

Die elektronische Datenerfassung bietet folgende Vorteile:

- *elektronische Erfassung*
- *zonenbezogene Befundeingabe*
- *Abrufbarkeit einzelner Protokolle*
- *Rechnungslegung*
- *statistische Auswertungen*
- *Anleitung von Pflegemaßnahmen des Landwirtes*
- *Miteinbeziehen des Tierarztes*
- *Wiedervorstellungstermine*

Mit der elektronischen Dokumentation kann sich der Landwirt nicht nur auf schnelle und einfache Weise einen Überblick über den Gesundheitsstatus seiner Herde verschaffen, er kann auch den Verlauf von Klauenproblemen

KLAUENUNTERSUCHUNGS-PROTOKOLL

ARBEITSGEMEINSCHAFT ÖSTERREICHISCHER KLAUENPFLEGER

Pes Robert
Besitzer (Name & Adresse)

0001235469877
Ohrmarken-Nummer

Kuh (Rasse)

Alter

21. 9. 2013
Datum der Klauenuntersuchung

Pesch-Notorn
Untersuchender Klauenpfleger

Unterschrift

Lahmheit:

☐ vorne links ☐ vorne rechts ☒ hinten links ☐ hinten rechts

☐ keine LH ☐ Grad 1 ☒ Grad 2 ☐ Grad 3 ☐ Grad 4

Klauenbeurteilung:

vorne rechts

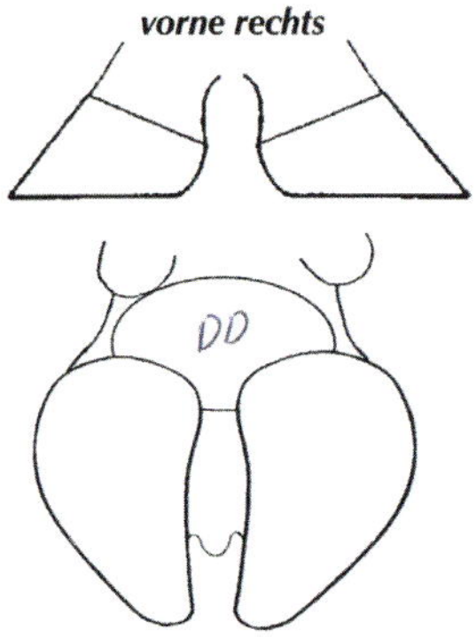

vorne links

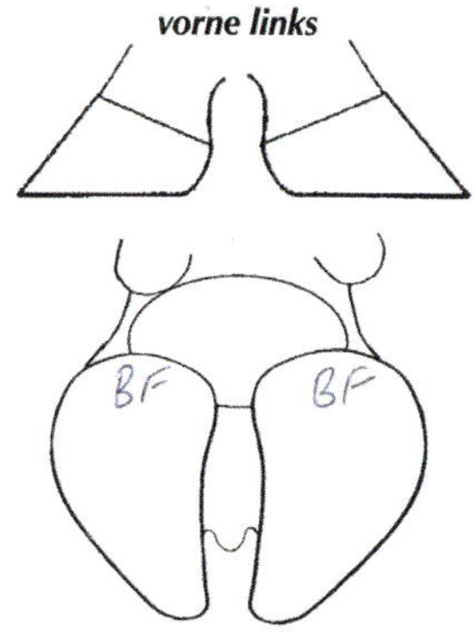

Legende der Befundabkürzungen:

SB: Sohlenblutung
DS: Doppelsohle
SG: Sohlengeschwür
KSG: Klauenspitzengeschwür
BF: Ballenhornfäule

WB: Blutungen an weißer Linie
WLD: Weiße-Linie-Defekt
WD: Wandhorndefekt

SK: Schwellung des Kronsaumes
SBA: Schwellung des Ballens

HS: Hornspalt
RI: Stauchungsringe an Vorderwand
KV: konkave, einwärts gewölbte Vorderwand
RO: Rollklaue

LI: Limax (Tylom)
ZP: Zwischenklauenphlegmone („Zwischenklauenpanaritium")
DD: Dermatitis digitalis (Mortellaro- oder „Erdbeerkrankheit")
DID: Dermatitis interdigitalis (Mortellaro`sche-Krankheit im Zwischenklauensegment
V-DD: Dermatitis digitalis / interdigitalis verdächtig
WU: frische o. infizierte Wunden im Zwischenklauenspalt / Zehe

Die Klauenuntersuchung dient der Feststellung des aktuellen Gesundheitsstatus der Klauen und stellt eine diagnostische Momentaufnahme dar, jedoch keine „Gesundheitsgarantie" für die Zukunft. Die erhobenen Befunde haben etwa 2 Wochen ab Untersuchung gute Aussagekraft.

hinten rechts

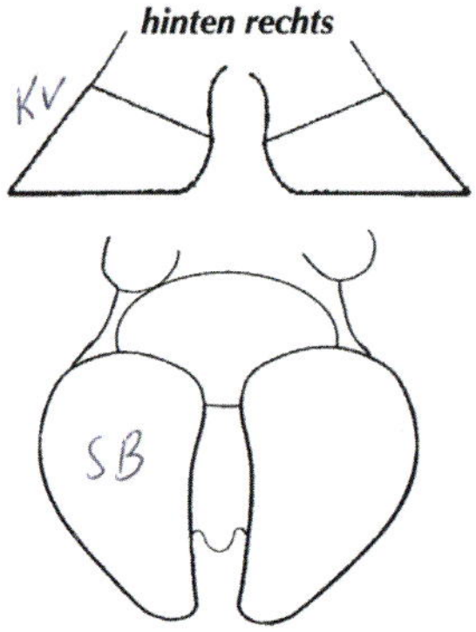

hinten links

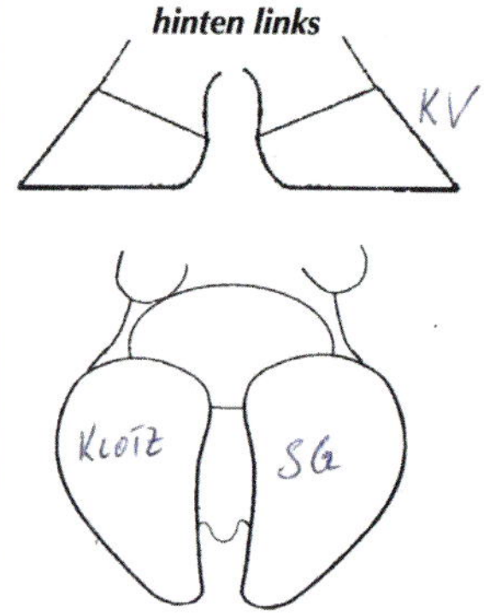

Handschriftliches Einzeltierprotokoll

bei einzelnen Tieren besser beobachten. Problemschwerpunkte im Betrieb können so leichter identifiziert werden. Ob gesetzte Maßnahmen den gewünschten Erfolg bringen, lässt sich am Verlauf der Protokolle kontrollieren.

Beispiele zur Dokumentation

Handschriftliches Einzeltierprotokoll

Beim Einzeltierprotokoll kann herausgelesen werden, welches Tier zu welchem Zeitpunkt der Klauenpflege unterzogen worden ist und welche Diagnosen dabei erhoben worden sind. Die festgestellten Veränderungen werden mittels Kürzel in eine der vier schematisch dargestellten Extremitäten, entsprechend ihrer Lokalisation, eingetragen. Ebenso kann der Grad der Lahmheit abgelesen werden.

Elektronisches Einzeltierprotokoll

Entspricht im Prinzip dem handschriftlichen Protokoll. Aufgrund der farblichen Darstellung lässt sich hier auch der Grad der Veränderung ablesen. Durch die elektronische Aufbereitung der Daten können in weiterer Folge gesamtbetriebliche Auswertungen über einen längeren Zeitraum erfolgen.

Basisbetriebsanalyse

Aus der Summe der Einzeltierprotokolle kann eine prozentuelle Auflistung der Klauenerkrankungen erstellt werden. So können auf den ersten Blick betriebsspezifische Probleme erkannt werden. Diese Betriebsanalyse kann natürlich auch mit Hilfe der handschriftlichen Protokollierung errechnet werden.

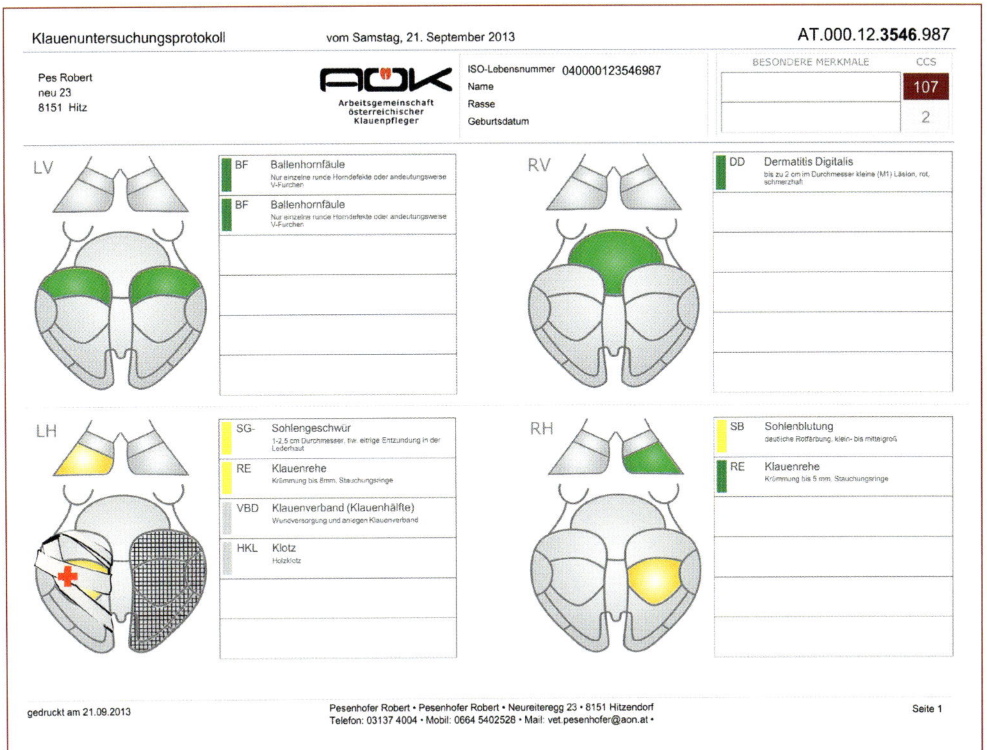

Klauenuntersuchungsprotokoll vom Samstag, 21. September 2013 AT.000.12.**3546**.987

Pes Robert
neu 23
8151 Hitz

Arbeitsgemeinschaft österreichischer Klauenpfleger

ISO-Lebensnummer 040000123546987
Name
Rasse
Geburtsdatum

BESONDERE MERKMALE | CCS 107 | 2

LV

BF	Ballenhornfäule	Nur einzelne runde Horndefekte oder andeutungsweise V-Furchen
BF	Ballenhornfäule	Nur einzelne runde Horndefekte oder andeutungsweise V-Furchen

RV

DD	Dermatitis Digitalis	bis zu 2 cm im Durchmesser kleine (M1) Läsion, rot, schmerzhaft

LH

SG-	Sohlengeschwür	1-2,5 cm Durchmesser, tlw. eitrige Entzündung in der Lederhaut
RE	Klauenrehe	Krümmung bis 8mm, Stauchungsringe
VBD	Klauenverband (Klauenhälfte)	Wundversorgung und anlegen Klauenverband
HKL	Klotz	Holzklotz

RH

SB	Sohlenblutung	deutliche Rotfärbung, klein- bis mittelgroß
RE	Klauenrehe	Krümmung bis 5 mm, Stauchungsringe

gedruckt am 21.09.2013 Pesenhofer Robert • Pesenhofer Robert • Neureiteregg 23 • 8151 Hitzendorf
Telefon: 03137 4004 • Mobil: 0664 5402528 • Mail: vet.pesenhofer@aon.at • Seite 1

Elektronisches Einzeltierprotokoll

Analyse DIAGNOSEN im Betrieb

Diagnose	Anzahl	Anteil	Diagnose	Anzahl	Anteil
Limax	3	3,4%	Sohlengeschwür	1	1,1%
Hornspalt	1	1,1%	Sohlenblutung	19	21,6%
Ballenhornfäule	6	6,8%	Klauenrehe	2	2,3%
Doppelsohle	10	11,4%			
Wanddefekt	46	52,3%			

Basisbetriebsanalyse

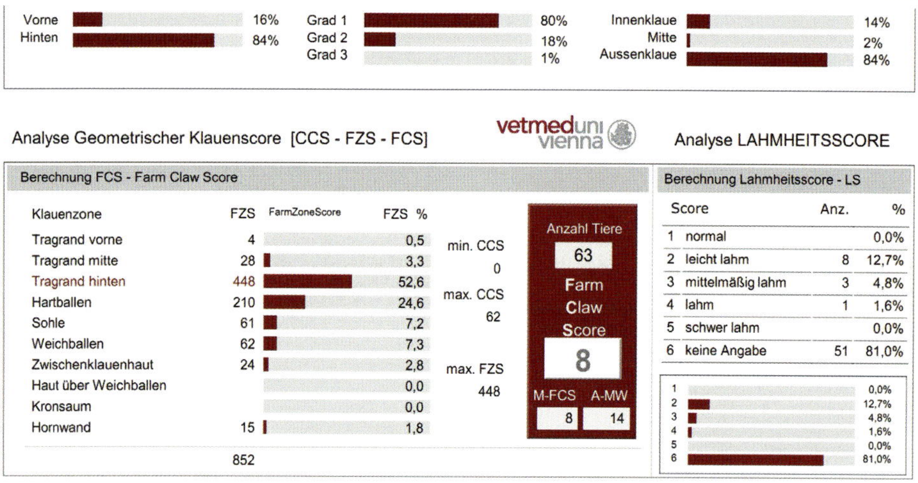

Spezifische Betriebsanalyse

Spezifische Betriebsanalyse

Die spezifische Betriebsanalyse ist im Zuge der Bestandsbetreuung das optimale Verfahren zur Auswertung der Klauengesundheit einer Herde über einen längeren Zeitraum. Durch die Auswertung kann der Landwirt erkennen, ob die von ihm gesetzten Maßnahmen zur Verringerung eines Problems erfolgreich waren oder ob sich vielleicht im Laufe der Zeit Problemschwerpunkte nur verlagert haben.

Möglichkeiten der graphischen Auswertung

Hier sei nur ein Beispiel der vielen graphischen Auswertungen gezeigt. Im Spinnendiagramm kann man herauslesen, wie sich das Erkrankungsschwerpunkt von einem Besuch zum nächsten verlagert hat.

Fazit

Wem die Klauengesundheit seiner Tiere wichtig ist, dem muss auch die Dokumentation wichtig sein.

Egal, ob mit handschriftlichen Aufzeichnungen oder hochmoderner Datenauswertung – nur wer schreibt, der bleibt!

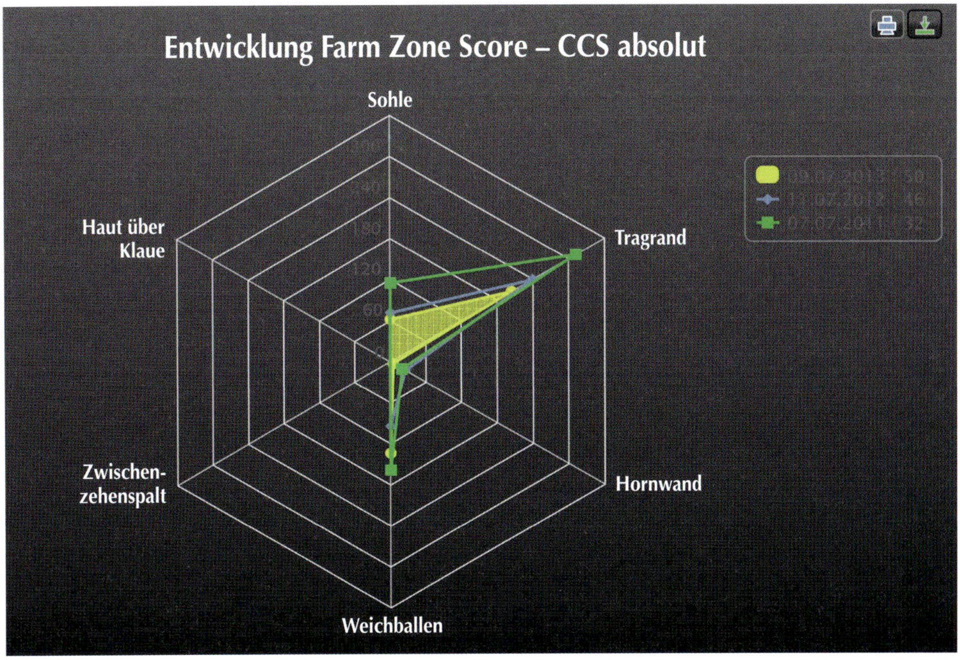

Möglichkeiten der graphischen Auswertung

Digitale Dokumentation und Auswertung der Klauenpflege

Beurteilung beim Eintreiben in den Stand, Beurteilung der Klauen

Spätestens beim Heranführen oder Herantreiben des Tieres sollte sich der Klauenpfleger ein Bild über das Bewegungsmuster des Tieres machen und Hinweise auf Störungen aufnehmen, denen an den Klauen des betroffenen Beins nachzugehen ist. Abgesehen von der Notwendigkeit dieser Beurteilung im Vorfeld der Klauenkorrektur für die Arbeit selbst, befriedigt es mich persönlich zu sehen, wie viel besser sich die Kuh am Rückweg in den Stall bewegt.

Nun sind wir endlich soweit, die Kuh steht im bzw. liegt am Stand, die Beine sind fixiert und wir haben die Klauen zur Bearbeitung vor uns: Jetzt erfolgt der letzte Schritt der Beurteilung und zugleich der erste Schritt der Klauenpflege. Mit einem stumpfen Klauenmesser oder einem anderen geeigneten Gerät entfernen wir Dreck, Steine und eingetrockneten Kot von den Klauen (die Verwendung von Wasser zur Reinigung der Klauen mag zwar verlocken, beschert uns aber im Verlauf von mehreren Stunden einen Sumpf aus den verschiedensten Bestandteilen und damit eher Nachteile, sodass ich Wasser nur im Bedarfsfall zur Reinigung der Haut um die Klauen und im Zwischenklauenspalt einsetze), um einerseits Formveränderungen sichtbar zu machen (v. a. Reheklauen, Rollklauen) und Hinweise auf eventuell bestehende Defekte zu erhalten.

In all diesen Fällen bedarf die Innenklaue besonderer Schonung, da sie mit hoher Wahrscheinlichkeit in den nächsten Wochen vermehrt zum Tragen des Gewichts herangezogen werden muss. Noch bevor wir mit dem Schneiden beginnen, haben wir so bereits einen Bearbeitungsplan im Kopf ...

(Foto: Karin Hofbauer)

Trockene Reinigung der Klauen – vor allem die Vorderwände müssen blank sein.

(Foto: Karin Hofbauer)

Die Doppelsohle an der Außenklaue erfordert die Schonung der Innenklaue.

Funktionelle Klauenpflege (FKP) – Ablauf in 5 Schritten

Der Einfachheit halber werde ich in weiterer Folge das Kürzel FKP für die Funktionelle Klauenpflege verwenden. Diese Methode wurde vor etwa 30 Jahren vom Holländer Egbert Toussaint Raven in umfangreichen Arbeiten entwickelt und hat mittlerweile die ganze Welt erobert. Ein wesentlicher Vorteil der FKP ist ihre Einfachheit und Logik. Klauenpflege wird dadurch nachvollziehbar und verständlich. Jede dabei gesetzte Maßnahme kann anhand der Anatomie und Biomechanik begründet werden. Der Ablauf bleibt prinzipiell immer gleich, egal, ob wir nun gesunde oder kranke Tiere bearbeiten. Jeder Fuß bekommt quasi einen Maßschuh verpasst, und das braucht bei aller Einfachheit der Methode eine Menge Übung für Auge und Hand.

> Generell ist es vielmehr die Kunst, das richtige Horn (Innenklaue) stehen zu lassen, als Horn zu entfernen!

Dem, was international als „minimal trimming" bezeichnet wird – es wird nur beschnitten, was Sinn macht und der Kuh hilft –, ist immer der Vorzug zu geben. „Overtrimming" – also zu viel Horn wegzunehmen –, wie es bei Laienarbeit häufig vorkommt, kann dagegen gewaltige Probleme verursachen. In jedem Fall wird es dazu führen, dass die Kühe für ein paar Wochen zu wenig auf den Füßen sind ...

An dieser Stelle möchte ich jedem Leser, der selbst Klauenpflege durchführen möchte, nahelegen, eine praktische Ausbildung zu machen. Ein Buch kann, so sehr wir uns in Wort und Bild auch darum bemühen, kein Ersatz dafür sein, sondern nur als Auffrischung und Ergänzung dazu dienen!

Ziele und Prinzipien der FKP

Das wichtigste Ziel bei der FKP ist die Entlastung der hinteren Außenklauen. Diese werden durch das typische Bewegungsmuster des Rindes auf hartem, planem Boden mehr belastet, was eine Zunahme der Größe nach sich zieht, die wiederum zu noch mehr Belastung führt („Bodybuilding-Effekt"/„Hühnerauge") – ein Teufelskreis, der für einen großen Teil der Lahmheitsprobleme verantwortlich ist.

- Im Klauenpaar soll das Gewicht zu gleichen Teilen getragen werden – dazu müssen die beiden Klauen (wenn möglich) gleich lang und gleich hoch sein. Bei gesunden Klauen trage ich im hinteren Bereich der Fußungsfläche kein Horn mehr ab, wenn sich die Sohle durch kräftigen Daumendruck eindrücken lässt.
- Die Gewichtsaufnahme sollte in den vorderen $2/3$ der Sohle erfolgen, und zwar so, dass die Sohlenflächen im 90°-Winkel zur Längsachse des Rohrbeins stehen. Dadurch ist eine gleichmäßige Belastung der Lederhautlamellen im Wandbereich gegeben und das Klauenbein in die richtige Position gestellt.
- Die Auftrittsfläche soll so groß wie möglich bleiben, damit sich das Gewicht auf eine große Fläche verteilt und so wenig Druck wie möglich pro Quadratzentimeter Lederhaut zustande kommt („Niederdruck-Breitreifen"). Unter diesem Aspekt sollte jegliches Kleinschleifen aus Gründen der Optik möglichst unterbleiben.
- Die Lederhaut muss stets von einer ausreichend dicken Schicht Horn geschützt bleiben!
- Bei kranken Einzelklauen muss die andere gesunde Klaue für eine gewisse Zeit mehr Last übernehmen.

„Minimal trimming" – nur was nötig und sinnvoll ist

Schritt 1

Wir beginnen an der kleineren Klaue, das ist an den Hinterbeinen die innere, an den Vorderbeinen meist die äußere Klaue. Die kleinere Klaue entspricht in ihrer Form und Größe am ehesten den natürlichen Verhältnissen. Bei einem gesunden Klauenpaar an einer normalen Kuh bis etwa 800 kg ist die korrekte Länge dieser Klaue ca. 7,5 cm. Bei anatomisch veränderten Klauen (Rollklauen, Reheklauen, Kippklauen) – das Klauenbein liegt bei diesen krankhaften Formen ganz oder teilweise näher in Richtung Boden – und bei schwereren Tieren bewährt sich die Zugabe von etwa 5 mm. Die weitere Vorgehensweise bleibt gleich. Die Länge wird gemessen an der Umschlagskante von Seitenwand zu axialer Wand, indem man mit dem aufgestellten Finger die kleine Eindellung oberhalb des Hornschuhs aufsucht und dort das Maßplättchen anlegt.

Der Endpunkt bzw. ein exakt darunter liegender Punkt an der Fußungsfläche wird markiert, von dem aus im rechten Winkel zur bestehenden Sohlenfläche und zum Zwischenklauenspalt die Überlänge mit Zange oder Klauenscheibe gekürzt wird.

Bei normalen Laufstallklauen entfällt dieser Vorgang in der Regel, da diese meist genau 7,5 cm lang oder auch kürzer sind. Daraufhin wird die sichtbare Sohlenstärke (ohne Wand!) im Bereich der Klauenspitze auf 5 mm oder etwas mehr – je nachdem welche Abriebsintensität in den folgenden Wochen zu erwarten ist – reduziert, ohne die Trachtenhöhe zu verringern!

Indem nur der vordere Bereich bearbeitet wird, gewinnt man dabei über die kurze Auftrittsfläche schnell einige Millimeter Höhe im Ballenbereich und schafft es so, die Außenklauen zumindest fast gleich hoch zu schneiden und damit zu entlasten.

Im Laufstall ist ein sehr hoher Prozentsatz der Innenklauen im Hinblick auf Länge, Dicke und Höhe korrekt und darf dahingehend nicht bearbeitet werden!

Vorsicht ist geboten, wenn man – bei korrekter Länge – Wand und Weiße Linie an der Spitze im Bogen durchlaufen sieht. Das ist ein Zeichen, dass die Sohle schon dünn wird!

> Wichtig ist zudem das Arbeiten in einer Ebene, die im rechten Winkel zur Mittelfußachse liegt – besonders dann, wenn man mit dem Messer schneidet.

Dadurch dass der Tragrand härter als das Sohlenhorn ist, kippt die Schnittfläche leicht in Richtung Zwischenklauenspalt. Die axiale Wand wird zu stark beschnitten und die angrenzende Sohle schnell zu dünn. Bei Belastung werden die Klauenspitzen gespreizt (mehr dazu unter „Fehler bei der Klauenpflege", s. S. 70)

Der arbeitstechnische Trick dabei: Ich konzentriere mich beim Schneiden auf den Tragrand und bearbeite ihn mit dem hintersten Teil der Messerklinge, wobei das Messer exakt in

Schritt 1

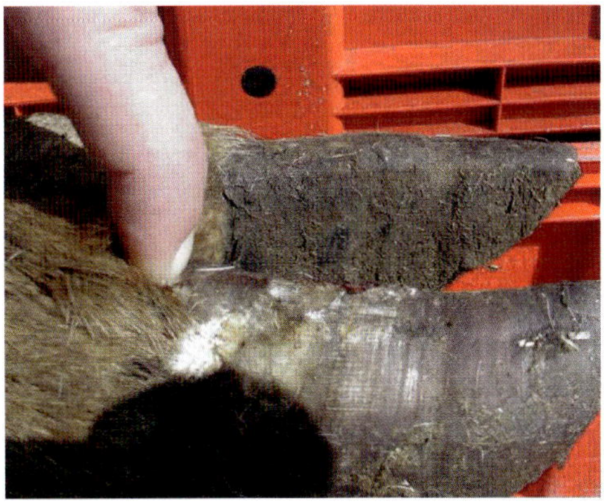

Von hier aus wird gemessen

Angelegtes Messplättchen

90° zur bestehenden Fußungsfläche

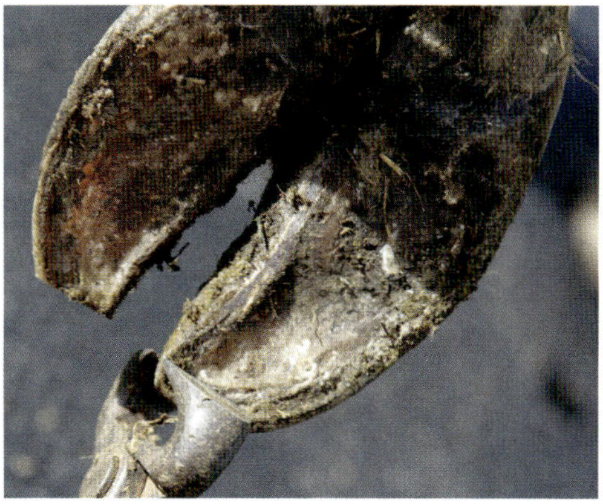

90° zum Zwischenklauenspalt

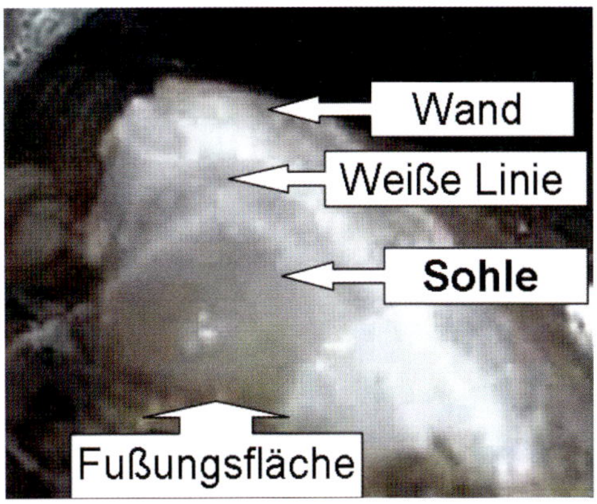

Die Schichten an der „Zwickfläche"

Beurteilung der sichtbaren Sohlenstärke

Schritt 1 (Fortsetzung)

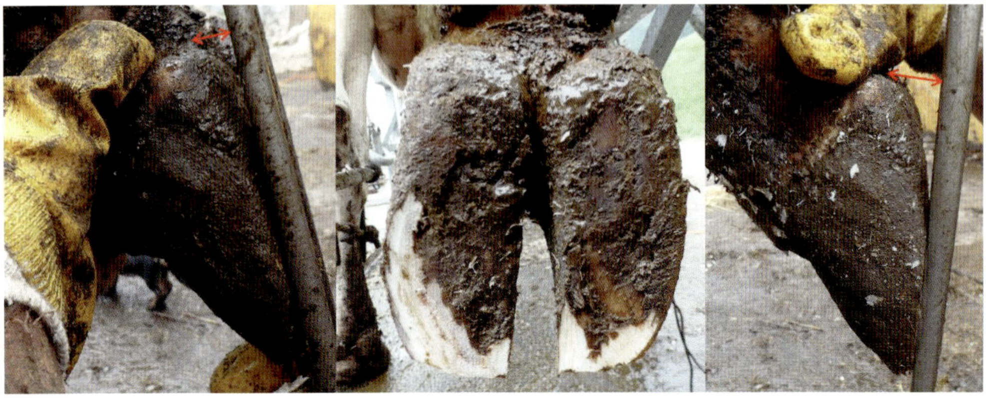

Gewinn an Höhe

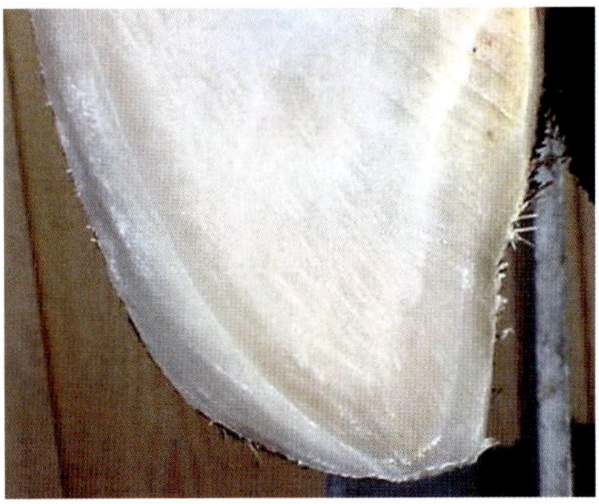

Wand und Weiße Linie laufen im Bogen um die Klauenspitze.

Schnittführung entlang des Tragrands

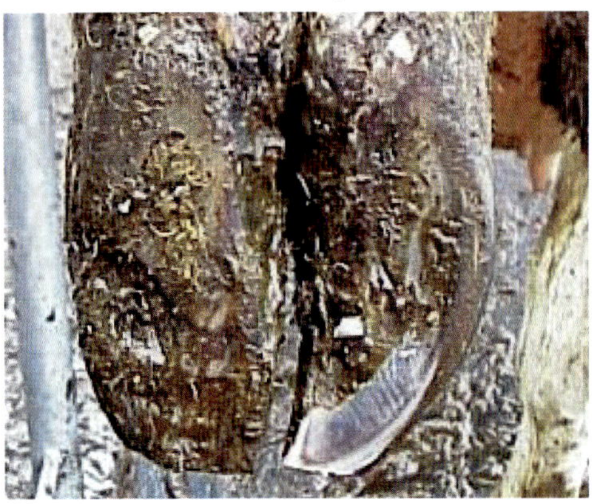

Korrektur der Innenklaue

der gewünschten Ebene geführt wird – das weiche Sohlenhorn geht dabei fast von selbst mit.

Ist Schritt 1 abgeschlossen, steht uns damit ein Muster für die größere Klaue zur Verfügung.

Schritt 2

> Die größere Klaue wird in Länge, Dicke und Höhe angepasst, sodass beide Klauen eine ebene Fußungsfläche bilden, die im rechten Winkel zur Längsebene des Mittelfußknochens liegt.

Das hört sich recht einfach an, bereitet aber die größten Probleme! Um nämlich die Verhältnisse zur Beurteilung herzustellen, die herrschen, wenn die Kuh den Fuß belastet, muss man die Klauen richtig halten: Am Übergang von den Haaren zum Hornschuh bringt man die Vorderwände mit gestreckten Fingern oder der geraden Seite des Messergriffs auf gleiche Höhe. Diese gerade Linie liegt 90° zu einer gedachten Ebene, die in Längsrichtung exakt durch die Mitte des Mittelfußknochens verläuft. Die Klauen dürfen dabei weder zusammengedrückt noch verdreht werden.

So in die richtige Position gebracht, beurteilt man die Fußungsfläche, indem man von möglichst weit hinten fluchtend über den Mittelfußknochen in die Fläche schaut, als ob man bei einem Brett kontrollieren möchte, ob es gerade ist.

Der Schwierigkeitsgrad dieses Schrittes wird zusätzlich erhöht durch den Umstand, dass die Auftrittsfläche an der Innenklaue oft erheblich kürzer ist als an der großen Außenklaue. Die zu beurteilenden Punkte liegen damit in unterschiedlicher Distanz zum Auge.

Schritt 2 ist zweifelsohne im Durchtreibestand einfacher umzusetzen, da die Klauen hier locker schon fast in der richtigen Position hängen und gut von oben her beurteilt werden kann, ob die Höhenverhältnisse im Klauenpaar korrekt sind, also ob die Klauen gleich hoch sind.

Arbeitstechnisch ist die gute Fixierung der Unterfüße vorteilhaft, die ein beidhändiges Führen des Winkelschleifers in der richtigen Ebene zulassen. Vom Ballenbereich ausgehend wird nun Richtung Klauenspitze Horn abgetragen, wobei der Anpressdruck variiert wird – je nachdem wieviel Horn zu entfernen ist.

> Im Kippstand kommen die Klauen durch die Seitenlage des Rindes meist etwas verdreht zu liegen, die Kontrolle der Fläche durch den Blick über das Rohrbein ist oft schwer möglich.

Hilfreich ist dabei, wenn man die Beurteilung aus ein paar Metern Entfernung wiederholt oder von einer sachkundigen Hilfsperson Hinweise bekommt! In der Arbeitstechnik liegt ein weiterer Schwachpunkt dieses Systems: Durch die seitliche Lagerung der Unterfüße in den Fußhaltern sind die Klauen ungenügend fixiert und teilweise verdreht, dadurch ist es häufig notwendig beim Arbeiten mit dem Winkelschleifer mit einer Hand die Klauen zu fixieren. Die geschnittene Fläche kippt bei einhändiger Führung des Geräts leicht aus der gewünschten Ebene – oft in Abhängigkeit von der Körpergröße des Klauenpflegers!

> Sind beide Klauen gleich lang, hoch und dick, so ist der wichtigste Teil der Klauenkorrektur bereits geschafft!

Als Abschluss kann man noch die scharfe Kante des Tragrands brechen, jedoch nur so, dass dieser an der Fußungsfläche mindestens 5 mm

Schritt 2

Richtiges Halten zur Beurteilung der Höhe

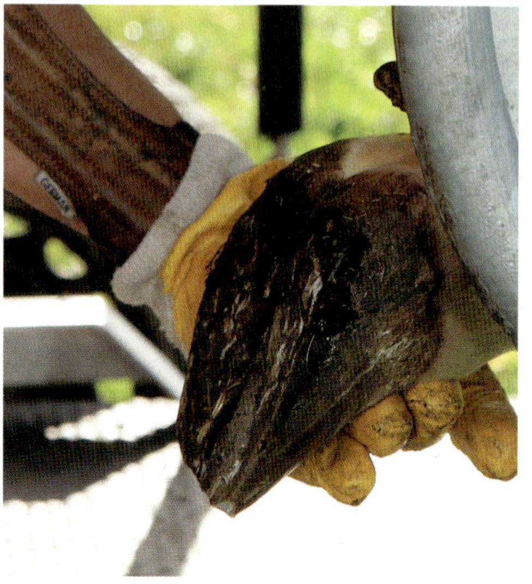

Beurteilung der Vorderklauen, …

… der Höhenverhältnisse hinten …

… und der Fußachse.

(Fotos: Karin Hofbauer)

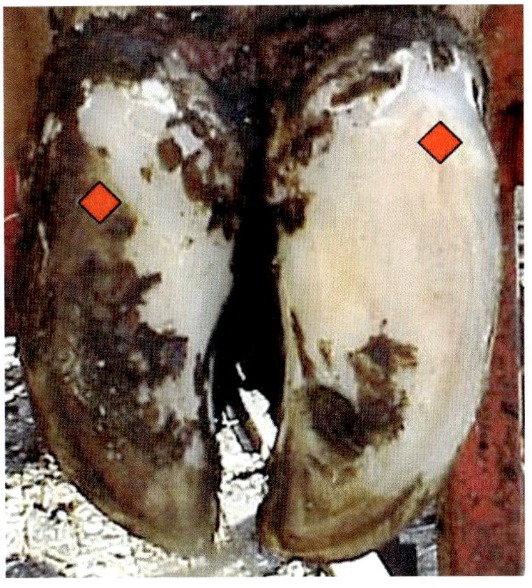

Unterschiedlich lange Auftrittsfläche

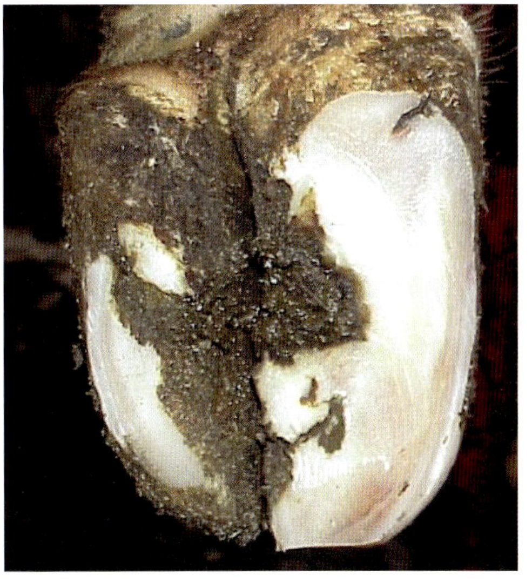

Schritt 2 korrekt erledigt – die Klauen sind gleich hoch.

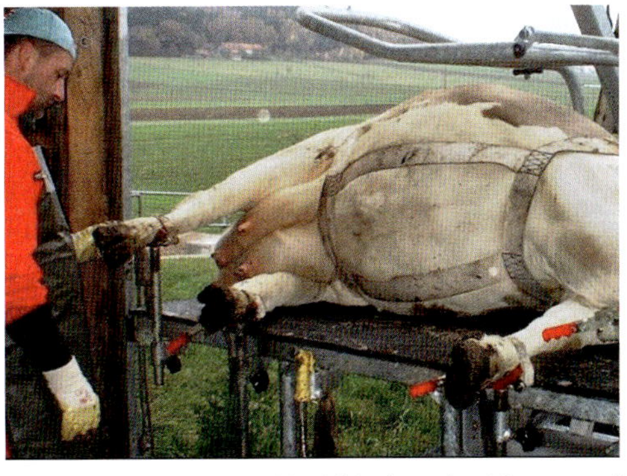

Schwierige optische Verhältnisse im Kippstand

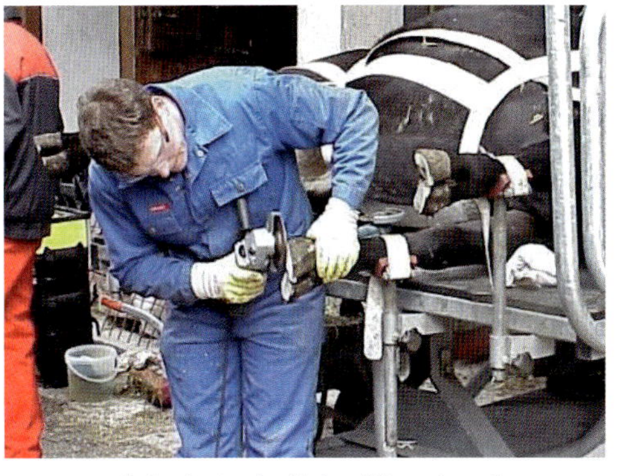

Arbeitstechnik im Kippstand

stark bleibt! Im Laufstall ist diese Maßnahme unnötig und wird von der Kuh in den nächsten Stunden selbst erledigt.

Schritt 3 – (Hohl-)Kehlung = Modell

Nun wird der Zwischenklauenspalt freigeschnitten und das Horn unterhalb des Beugeknorrens ausgedünnt. Da die Wuchsrichtung des Ballenhorns etwas nach vorne und axial gerichtet ist, schiebt sich das Horn über den Zwischenklauenspalt. Dazu kommt die vermehrte Hornbildung unterhalb des Beugeknorrens der größeren Klaue. In Summe sind die Verhältnisse oft so, dass die Kuh mit dem Großteil des Gewichts auf dieser Hornknolle zu stehen kommt und der Zwischenklauenspalt regelrecht zugewachsen ist, wodurch sich darin Kot und Bakterien festsetzen (vor allem bei Rollklauen).

Der erste Schnitt mit parallel zum Zwischenklauenspalt aufgestelltem Messer entfernt da-

Schritt 3

1. Schnitt parallel zum Zwischenklauenspalt

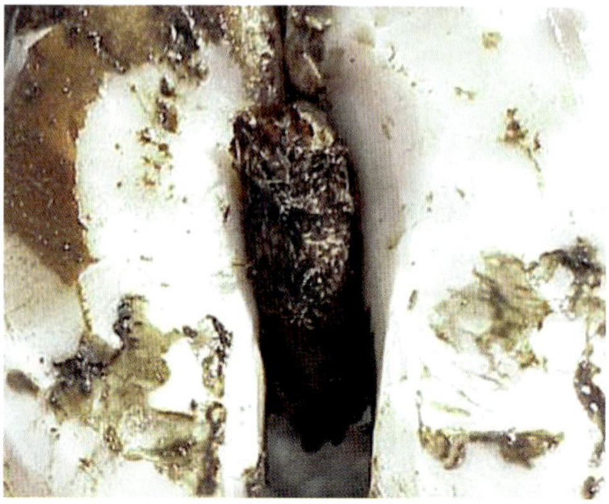

Freigeschnittenes Tylom

Flache Messerführung

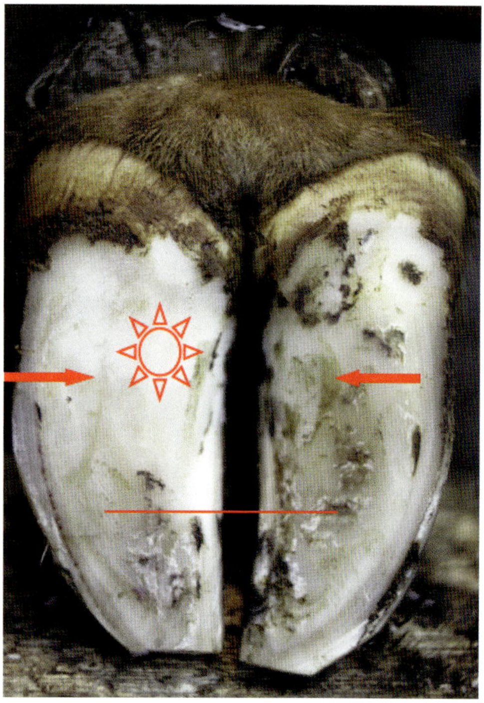

Korrektes Modell – ein Sternchen markiert die Lage des Beugeknorrens

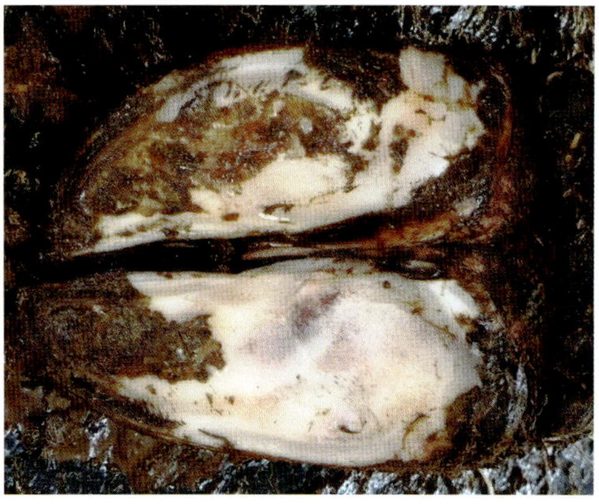

Bluteinlagerung

her alles Horn, das axial übersteht, sodass in Verlängerung der axialen Wand glatte Flächen entstehen.

Dies ist besonders wichtig bei Tieren mit Problemen im Zwischenklauenspalt (Tylom – eine Wucherung der Haut und des darunterliegenden Gewebes im Spalt) und Herden, in denen Bakterien häufig zu Erkrankungen in diesem Bereich führen (Zwischenklauenphlegmone). In diesen Fällen muss eine mechanische Reizung durch vorstehende Hornkanten und das Haften von bakteriell besiedelten Kotresten unbedingt verhindert werden. Am besten kontrolliert man hier mit dem Finger, ob die Fläche glatt ist.

Spätestens bei Schritt 3 kommt man um die Verwendung des Klauenmessers an den meisten Klauen nicht mehr herum!!

Für die weiteren Schnitte wird nun das Messer flach geführt und das Horn in dünnen Schichten abgetragen.

Die Kehlung beginnt oder endet, je nachdem in welche Richtung der Schnitt geführt wird, am axialen Tragrand (in der Praxis sind das ca. 2 Fingerbreit von der Spitze weg), der nicht entfernt werden darf, da sonst die Auftrittsstabilität nicht mehr gegeben ist (Fehler bei der Klauenpflege, s. S. 70)!! Wir schneiden also eine flache Mulde unterhalb des Beugeknorrens – an der größeren Klaue etwa über die Hälfte der Sohlenbreite, an der kleineren über ein Drittel –, deren Rand ohne Kante in die Fußungsfläche (da jede Kante an der Sohle wie ein Stein im Schuh drückt) und in den Zwischenklauenspalt verläuft, und zwar so tief, dass sich das Horn am tiefsten Punkt leicht eindrücken lässt.

Je nach Trachtenhöhe des Tieres variiert das teilweise sehr stark. Bei flachen Klauen und Reheklauen ist jedenfalls Vorsicht geboten, um die Lederhaut nicht zu verletzen! Bei hohen Trachten und auch bei massiver Ballenfäule kann das Modell auch oft ganz nach hinten durchgezogen werden.

Bei stark zerklüftetem Horn in diesem Bereich taucht oft in der Tiefe ein Sohlengeschwür auf. Die Lederhaut ist dort häufig durch Entzündung und Blutstauung pilzförmig vorverlagert und sollte keinesfalls verletzt werden!!

An völlig gesunden Klauen ist mit Schritt 3 die Klauenpflege zu Ende – leider geht sie aber in vielen Fällen hier erst richtig los. Gerade in diesen Fällen ist es von größter Bedeutung, dass die Korrektur der Belastungsverhältnisse perfekt erledigt wurde, da sonst die Behandlung eines Defekts nicht zum Erfolg führen kann!

Schritt 4 – Farbveränderungen und Defekte

Das Klauenpaar liegt also jetzt mit frischen Schnittflächen vor uns und erlaubt eine genauere Begutachtung. Falls mit Messer oder Messerscheibe gearbeitet wurde, ist die Schnittfläche glatt und kein Detail entgeht uns. Bei Granulatscheiben ist die Fläche grob geraspelt und die Verhältnisse daher nicht ideal. Wenn also etwas Erfahrung und Vorkenntnisse erworben worden sind, ist der Umstieg von Granulat- auf plane Messerscheiben empfehlenswert! Wer würde ein Brett mit einer Raspel bearbeiten, wenn ein Hobel bessere Ergebnisse erzielt?!

Grundsätzlich unterscheiden sich die Rinderrassen durch die Pigmenteinlagerung im Horn: Fleckvieh-Horn ist in der Regel unpigmentiert weiß. Holstein weist meist eine Mischung von dunklen Flecken auf weißer Fläche auf. Braunvieh, Grauvieh, Murbodner usw. haben grau/schwarz pigmentierte Klauen.

> Interessant für die Klauengesundheit sind einerseits Bluteinlagerungen, die auf Zirkulationsstörungen hinweisen, und andererseits Pigmentverlust an dunklen Klauen, der ebenfalls in diese Richtung interpretiert werden kann.

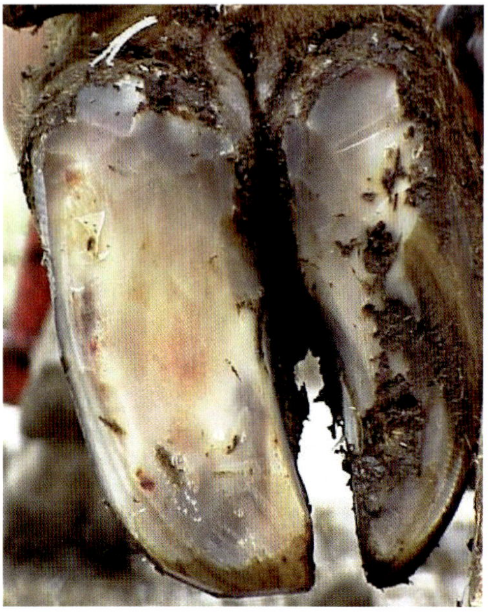

Bluteinlagerung und Pigmentverlust

Diese irreguläre Färbung bzw. Bluteinlagerung kann nun flächig in feiner Verteilung, massiv an bestimmten Stellen oder nur in einer Hornschicht auftreten und erlaubt eine weitere Differenzierung der Ursachen – mechanisch oder metabolisch (Verdauung – Stoffwechsel ...) oder beides. Wir lesen den „Fahrtenschreiber“ ab. Die Farbveränderung ist quasi der Vorbote des Defekts. Bei längerer Dauer der auslösenden Ursachen leidet auch die Hornqualität, das Horn wird speckig, bröselig und es kommt in weiterer Folge zu Einrissen und Zusammenhangstrennung im Hornschuh in typischer Ausprägung, auf die wir bei den Klauenerkrankungen, s. S. 78, im Detail eingehen werden.

> Als allgemeine Regel für alle genannten Veränderungen gilt, dass eine großflächige Entlastung der betroffenen Bereiche vorzunehmen ist, um die Normalisierung der Situation oder die Heilung zu ermöglichen.

Ob diese Entlastung nun über die – hoffentlich gesunde – Innenklaue mit ihrer natürlichen Höhe, die wir nach unserer Anfangsbeurteilung vorausschauenderweise zur Gänze erhalten haben, gelingt oder durch eine künstliche Erhöhung, die aufgeklebt wird, hängt vom Einzelfall ab. Näheres dazu später.

Aber nicht alles, was schwarz ist, ist krank! Vor allem im Sohlenhorn findet man häufig normale Einlagerungen von Schmutz und Kot, die man besser ignoriert – so wie man sich vom Idealbild der „zahnpastaweißen Klaue“ verabschieden sollte!

Wir brauchen in ihrer Gesamtheit eine gute Auftrittsfläche, die nicht durch ein Relief aus Löchern und Kratzern verunstaltet werden darf. So gibt es an der Klaue Bereiche, die im Hinblick auf Defekte interessant sind und wo jedem nadelstichgroßen schwarzen Punkt nachgeschnitten werden muss, und andere Bereiche, an denen Defekte mit großer Sicherheit unwahrscheinlich sind. Dort wird erst dann „gesucht“, wenn die Kuh lahm ging und an allen anderen Stellen keine Hinweise auf eine Lahmheitsursache zu finden waren. Diese Bemerkungen betreffen in erster Linie die kleinere Klaue, die nur selten der Sitz einer Lahmheit ist und die durch Amateurarbeit häufig falsch beschnitten wird!

Schritt 5 – lose Hornteile

Als Abschlussarbeit mit dem Messer wird nun loses Horn in der hinteren Klauenhälfte glatt weggeschnitten. Die richtige Schnittführung verläuft dabei in einem nach oben gerichteten Bogen, und zwar so, dass damit die Trachtenhöhe nicht reduziert wird.

Durch diese Maßnahmen bietet sich für Kot und Bakterien wenig Haftungsmöglichkeit an der Klaue, die so an der liegenden Kuh gut abtrocknen kann. Vor allem Taschen im Ballenhorn müssen vollständig entfernt werden!

Schritt 5

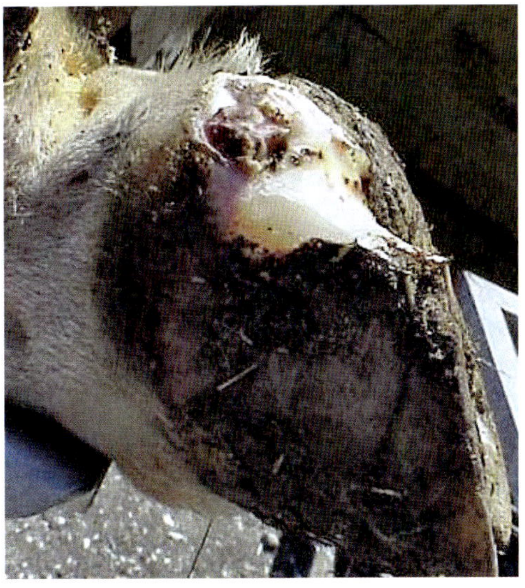

Bogenförmige Schnittführung ohne Reduktion der Trachtenhöhe

Sauber geschnittene Ballenfäule mit Geschwür und entzündetem Hautballen

Schritt 5 bereitet häufig arbeitstechnische Probleme: Einerseits sind die Messer oft nicht scharf genug (Schafft man es zu Hause nicht, das Messer richtig scharf zu bekommen, so kann man das zähe Ballenhorn gut mit einer feinen gebogenen Schere entfernen), um das kaugummiartige Ballenhorn zu bearbeiten, andererseits fällt die Schnittführung schwer. Ich setze das Messer am Grund der Tasche an und drücke dabei mit der Klinge das dahinterliegende Horn etwas nieder. Von dort aus mache ich einen herzhaften Schnitt im Bogen vom Ballen weg in abaxiale Richtung. Dabei ist es oft hilfreich, etwa in der Mitte des Ballens das Messer zu wechseln.

In jedem Fall sollte man nicht in Richtung des bei Ballenfäule oft stark angeschwollenen Hautballens schneiden oder diesen gar anschneiden!

Näheres zur Ballenfäule im entsprechenden Kapitel ab S. 105.

Sämtliche Hygienemaßnahmen, die bei Problemen mit Infektionen durchzuführen sind, also Wasch-, Sprüh oder Badebehandlungen der Unterfüße, machen nur dann Sinn, wenn Schritt 5 zuvor sorgfältig durchgeführt wurde.

Kontrolle der Haut

Der letzte Punkt ist meist eine Routinetätigkeit, in manchen Beständen aber höchst notwendig: Der Zwischenklauenspalt wird ausgewischt (Ballennetz durchziehen), im Verdachtsfall auf eine Hautveränderung (Schmerzäußerung der Kuh) auch ausgewaschen und bei gespreizten Klauen begutachtet, ebenso die Haut um die Klauen und in der Fesselbeuge bis hinauf zu den Afterklauen. Hier sind neben Tylomen vor allem bakteriell bedingte Hauterkrankungen zu finden, darunter immer häufiger auch *Dermatitis digitalis* (Mortellaro, Erdbeerkrankheit). Einzelheiten dazu in den diesbezüglichen Kapiteln, s. S. 78.

Reinigung des Zwischenklauenspalts mit Ballennetz (links oben).

Die Kuh steht wieder korrekt (links unten).

Die Pflege ist fertig.

Fehler bei der Klauenpflege

Wo gehobelt wird, fliegen Späne, und wer nichts angreift, kann nichts falsch machen. So ist es auch bei der Klauenpflege.

Ich habe sehr oft Gelegenheit, die Arbeit verschiedenster Personen an den Klauen zu beurteilen – Bauern, Klauenpfleger, Tierärzte – ob nun bei Prüfungen oder an so genannten Problemkühen. Dabei begegnet man einigen „Standardfehlern“, die zwar selten für die Tiere tödlich enden, zumeist aber die Ausheilung von Defekten verhindern oder zusätzlich andere Probleme hervorrufen.

Vor allem Personen, die schon lange Zeit Klauen bearbeiten, haben fest eingeprägte Abläufe und Gewohnheiten, die sie nur schwer abändern – vor allem dann, wenn das Ergebnis ihrer Tätigkeit bisher zum „Erfolg“ geführt hat. Ein Freund formuliert das sehr treffend damit: „Erfahrung ist das, was wir seit Jahrzehnten falsch machen.“

Mir ist es ein sehr großes Anliegen, auch diesen erfahrenen Leuten die Funktionelle Klauenpflege nahe zu bringen, was häufig erst über die gemeinsame praktische Arbeit und die Begründung jedes einzelnen Schrittes gelingt. Ich freue mich über jeden einzelnen, der sich mit der **F**unktionellen **K**lauen**p**flege ernsthaft auseinandersetzt!!

Täglich wird an vielen Kühen sehr gute Arbeit geleistet und es ist mir wichtig, dies auch festzustellen, damit meine Kritik an Fehlern nicht zu einem falschen Bild des einen oder

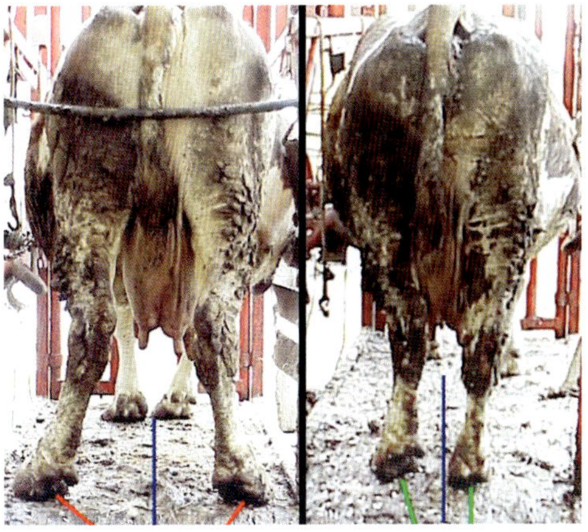

Effekt von FKP – von Score 3 zu Score 1 in 15–20 Minuten

„Overtrimming" und im axialen Tragrand durchgeschliffen

anderen Berufsstandes führt! Ich bin nur leider sehr oft mit Pfusch konfrontiert, der hier auch schonungslos aufgedeckt werden soll!

Klauenpflege muss in jedem Fall dazu führen, dass die frisch geschnittenen Tiere korrekt stehen und besser gehen als davor!

> Blut hat bei der Pflege von gesunden Klauen nichts verloren!

Das bloße Entfernen von Horn und Kleinschleifen der Klauen ohne Korrektur der Belastungsverhältnisse hat auch wenig Sinn! In diesem Zusammenhang fallen mir auch vielbeschäftigte Berufsklauenpfleger ein, die im Akkord bis zu 10 Kühe pro Stunde schneiden ... Leider ist die rechtliche Situation so, dass derzeit noch jeder, auch ohne jegliche Ausbildung, Klauen schneiden darf. Im Zuge von Qualitätskontrolle und Zertifizierungsvorgängen wird sich hoffentlich auch daran etwas zum Guten ändern.

In meiner Rangliste der schwerwiegendsten Fehler gibt es zwei Ex-aequo-Sieger: zu dünne Spitze und niedergeschliffene Innenklaue – „Overtrimming".

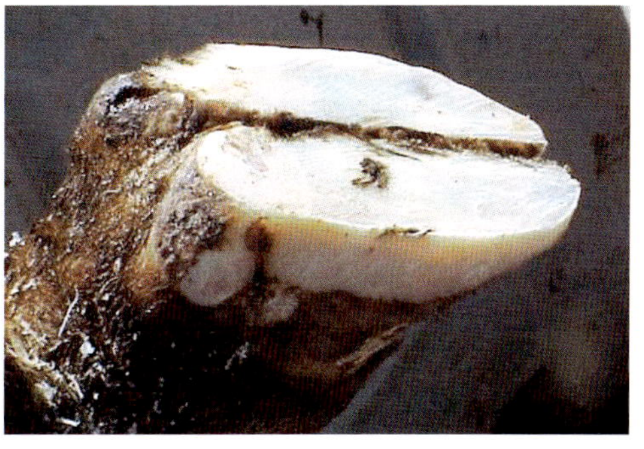

„Reiner Pfusch"

Fehler an der Klauenspitze – zu geringe Dicke

Der gefährlichste Fehler ist das Durch- oder Dünnschneiden der Sohle im Bereich der Klauenspitze. Wie wir bereits wissen, liegt hier direkt unter der Lederhaut die Spitze des Klauenbeins, denn der Fettpolster endet etwa beim Übergang ins vorderste Drittel der Sohle. Häufig kann man bei Laien beobachten, dass durch Druck mit dem Daumen an der Spitze die Sohlendicke geprüft wird. Lässt sich hier die Sohle eindrücken, so wird bereits die Lederhaut verformt. Die Sohle ist schon zu dünn! Wird dieser Umstand erkannt und in der Folge für einige

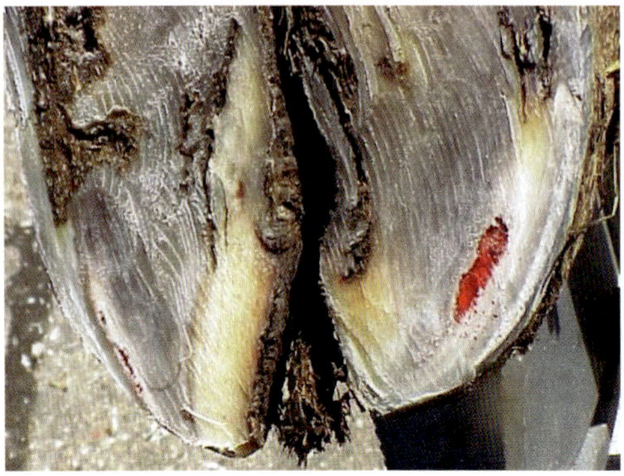

Durchgelaufene Klauenspitze

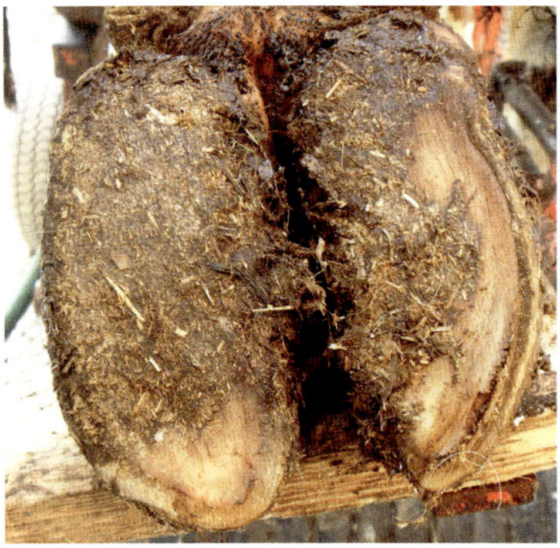

Durchgeschliffene Klauenspitze

Wochen verhindert, dass es zu weiterem Abrieb an dieser Stelle kommt (Strohbox, Gummimatte), so ist das Malheur nicht groß. Ist nur eine einzelne Klaue des Klauenpaars betroffen, so kann diese auch durch das Kleben einer Erhöhung (auf die andere Klaue!) geschützt werden.

Kommt es aber nach dem Durchschneiden oder Durchlaufen der Sohle zu einer Infektion der Lederhaut an der Klauenspitze, so folgen hier sehr schnell Abszesse und Knocheninfektionen, die oft trotz aller Behandlung ein fatales Ende nehmen. Nahezu aussichtslos ist die Situation, wenn an einem Fuß beide Klauen betroffen sind, wie das in neuen Laufställen häufig der Fall ist.

Ist also absehbar, dass die Klauenspitzen im Laufe einiger Wochen nach der Klauenpflege verstärktem Abrieb unterzogen werden (neuer Laufstallboden, Weidegang über Asphalt, Bruchschotter usw.), so muss dies beim Schneiden so berücksichtigt werden, dass die Sohle mindestens 8 mm dick bleibt.

Einige Tipps für den Umzug in neue Laufställe finden Sie gegen Ende des Buches ab S. 136.

Falsche Länge

Das zu starke Einkürzen führt meist auch zu dünnen Sohlen und ist im Sinne des vorherigen zu bewerten.

Zu lange Klauen werden zu weit hinten belastet. Die Lederhautlamellen tragen das Gewicht nicht optimal. Die Folge sind Defekte in der hinteren Klauenhälfte, also Sohlengeschwüre, Wandprobleme und auch mehr Ballenfäule. Bei Klauenrehe kommt es leichter zur Verlagerung des Klauenbeins.

Diese Klaue wurde zu stark eingekürzt.

Falsche Höhe

Der häufigste Fehler betrifft die Höhe der kleineren Klaue, am Hinterfuß also der Innenklaue. Der Wunsch nach einer weißen Sohlenfläche führt hier zum Niederschleifen der Trachten-

Niedriggeschliffene Innenklaue, Ballen an Außenklaue durchgeschliffen, die Folge ist ein Sohlengeschwür

Ungleiche Höhe

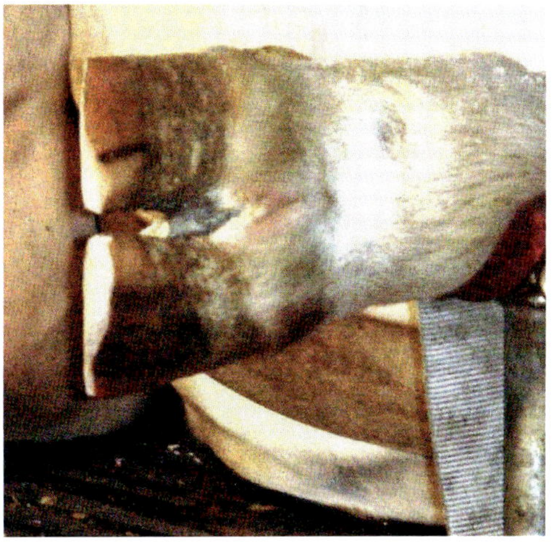

Schräg und ungleich hoch

höhe. Ein weiterer Grund dürfte auch darin bestehen, dass an den Innenklauen die Ballenfäule mehr wütet als an den Außenklauen, wo durch Belastung und Klauenmechanismus der Dreck wieder abfällt. Es wird dann versucht, das zerfressene Ballenhorn mit der Scheibe wegzuschleifen, anstatt es ohne Höhenverlust mit dem Messer sauber zu schneiden.

Nach dem Niederschleifen der Innenklaue gelingt es in der Regel nicht mehr, die Außenklaue auf gleiche Höhe zu schneiden, ohne hier im hinteren Bereich zu dünn zu werden.

Die Kuh steht nun gleich falsch und schlecht wie zuvor – nur ist die Sohle dünner. Besonders problematisch ist dieser Fehler, wenn die Außenklaue krank ist und ohne die nötige Entlastung kaum Heilungschancen hat. In diesem Fall kann auf eine künstliche Erhöhung der Innenklaue nicht mehr verzichtet werden!

Das Niederschleifen der Innenklaue hat außerdem insofern einen Langzeiteffekt, als sich die Trachtenhöhe hier nur sehr, sehr langsam wieder erholt (manche sagen „nie wieder!“).

Unebene Auftrittsfläche

Wenn bei der seitlichen Beurteilung der Auftrittsfläche mit der planen Seite des Messergriffs dieser nicht gleichmäßig auf dem gesamten Tragrand aufliegt, werden einzelne Zonen mehr, andere wieder gar nicht belastet. Dadurch kommt es zu Punktbelastungen, die vor allem an der Wand zu Problemen führen.

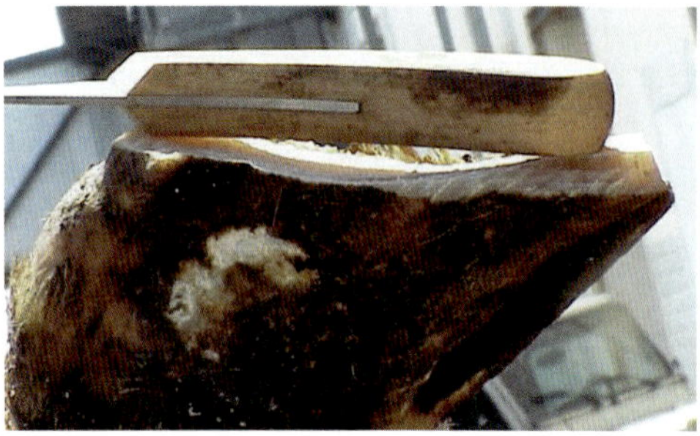

„Hohl geschliffene" Klaue

Besonders ungünstig ist dieser Fehler bei strukturierten Böden (Muster im Beton, Spaltenböden).

Hier liegt die Ursache in falscher Arbeitstechnik. Die Auftrittsfläche wird nicht mit gleichmäßig ziehenden Schnitten von hinten nach vorne bearbeitet, sondern Messer oder Scheibe an irgendeinem Punkt angesetzt. Dadurch wird die Auftrittsfläche ausgehöhlt. Besonders unsichere und vorsichtige Personen arbeiten oft nur mit dem Rand der Winkelschleiferscheibe, die dann kreisförmige Rillen ins Horn fräst, anstatt die gesamte Fläche gleichmäßig abzutragen.

Ähnliche Auswirkungen kommen oft bei der Beschneidung von Defekten zustande, die irgendwo in der Mitte der Klaue liegen. Der Defekt wird zwar prinzipiell richtig entlastet, das dahinterliegende Horn von Wand und/oder Sohle – ein Hornsteg oder isolierter „Hornstoppel" – wird aber stehengelassen und dadurch massiv belastet. Außerdem kommt es in der Belastungsphase zu starken Spannungen im Hornschuh, die die Ruhigstellung des beschnittenen Defekts und damit die Ausheilung verhindern. Die an sich wohlgemeinte Absicht, dass diese kleine Auftrittsfläche erhalten bleiben soll, schadet also mehr, als sie der Kuh nützt.

Daher gilt für mich die Regel, dass das gesamte Horn vom Defekt weg in Richtung Ballen niedergeschnitten wird, also keilförmig entlastet, sodass die kranke Klaue nur an der Spitze

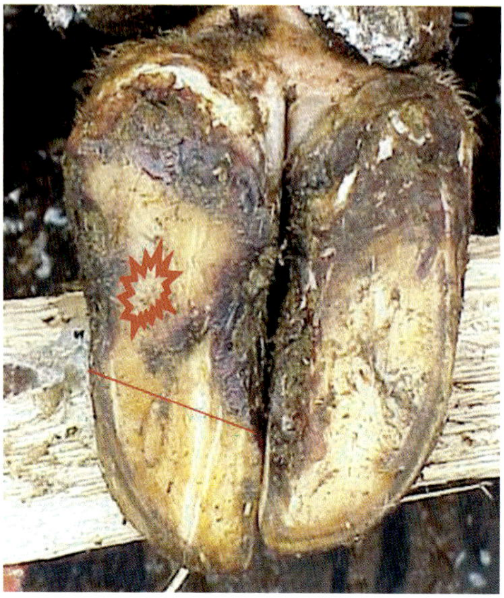

Hornsteg, entstanden durch Hohlkehlung und Beschneidung eines Wanddefekts – die Folge ist ein starker Druck unterhalb des Stegs – besser wäre hier eine keilförmige Entlastung von der roten Linie nach hinten.

Gewicht trägt („Bio-Stöckel" – mehr dazu im Kapitel „Entlastung", s. S. 82).

Dachartige Beschneidung der Sohle – künstliche Spreizklauen

In der Zeit unserer Väter und Großväter ging wohl noch ein Großteil der Kühe in der Sommersaison auf die Weide. Damals war es zumindest regional üblich, die Sohlenfläche so zu schneiden, dass diese zum Zwischenklauenspalt hin leicht abfiel – vielleicht auch, um der Kuh auf diese Weise im weichen Wiesenboden mehr Halt zu geben. Das funktioniert auch recht gut, wenn die Klauen bei Belastung einsinken können und sich das Gewicht dabei auf die gesamte Auftrittsfläche verteilt. Was weiter vorsteht, sinkt tiefer ein.

Der harte Boden hat aber andere Gesetze. Hier kommt es bei dieser Art der Beschneidung grundsätzlich zu zwei Effekten: Einerseits werden

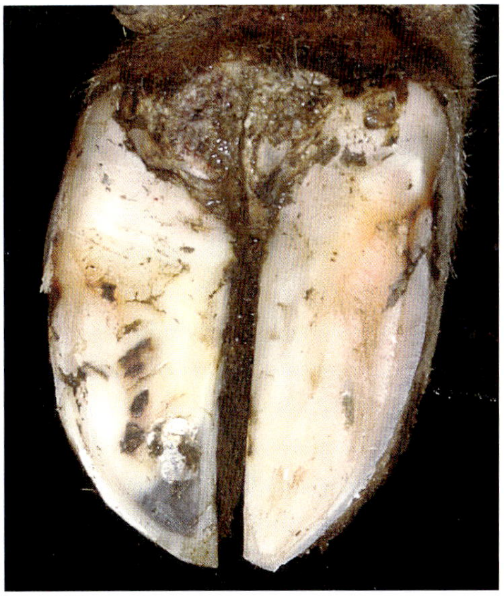

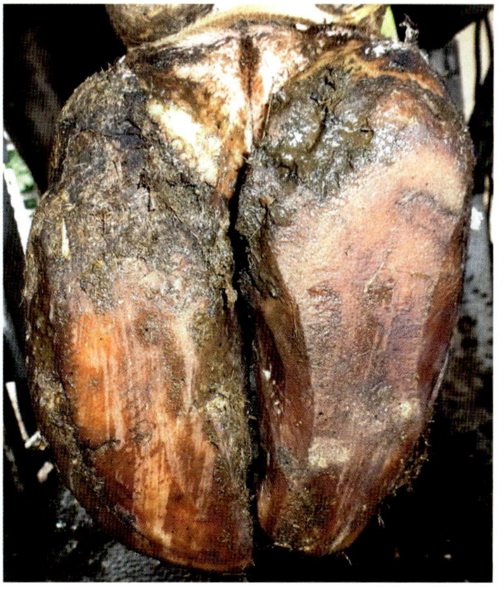

Praktisch kein Modell

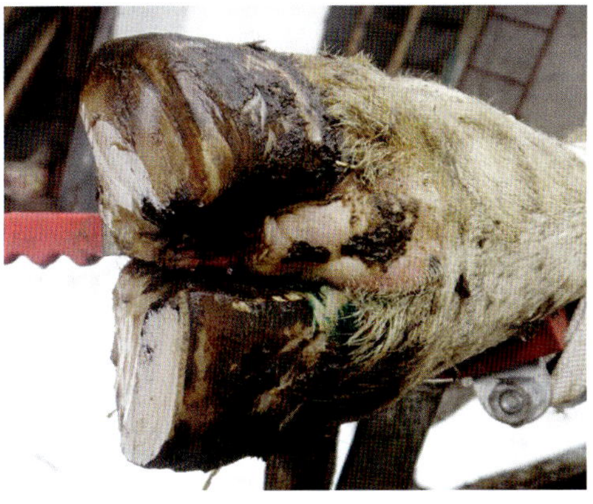

Dachartige Korrektur beider Sohlenflächen

bei der Belastung die Klauen gespreizt und dabei die Region des Tragrandes stark in seitliche (abaxiale) Richtung beansprucht. Andererseits wird die Haut im Zwischenklauenspalt gequetscht. Daraus resultieren Erkrankungen in den entsprechenden Bereichen (Tylome, Wanddefekte ...).

Kehlung falsch

Bei Schritt 3 passiert der erste mögliche Fehler, wenn die Kehlung zu weit nach vorne geschnitten wird. Der axiale Tragrand geht verloren und damit auch die Auftrittsstabilität – wenn nicht sogar die Lederhaut „angefetzt" wird. Die Klauen kippen in der Bewegung auseinander. Die Auswirkungen entsprechen denen bei der dachartigen Sohle. Die Ursache für diesen Fehler liegt wohl auch häufig in stumpfen Messern, die den Einsatz von viel Muskelkraft für den Schnitt erfordern. Dadurch geht dieser dann zu weit.

> Zur Wiederholung: Der axiale, innere Tragrand muss etwa 2 Fingerbreiten von der Spitze stehen bleiben!

Sehr häufig wird die Hohlkehlung zu steil geschnitten. Das birgt vor allem bei niedrigen Trachten die Gefahr, das Leben zu verletzen! Meist endet das Modell dann in der Sohlenfläche mit einer Kante genau unterhalb des Beugeknorrens, dem Punkt, den wir ja eigentlich entlasten wollten. Für die Kuh muss sich das ähnlich anfühlen, als hätte unsereins ein Stück Draht im Socken. Daher also: Das Modell muss

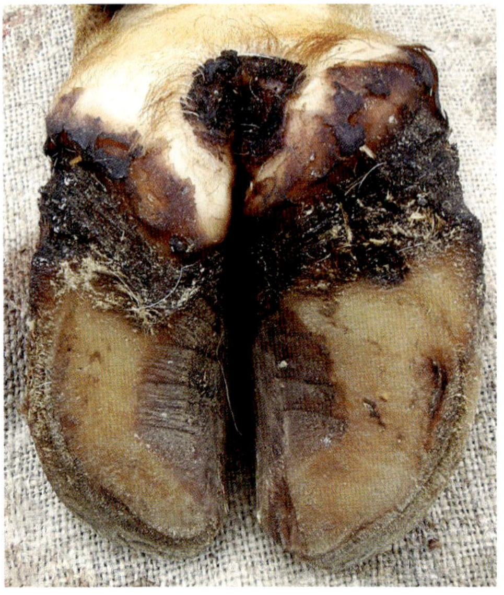

Modell an der falschen Stelle (zu weit vorne, zu weit innen), die Klauen sind nicht gleich hoch, der axiale Tragrand an der Außenklaue wurde weggeschliffen, die Ballen sind nicht sauber geschnitten.

weit genug in die Sohlenfläche reichen und sich ohne Kante in dieser verlaufen.

Schlussendlich wird das Modell relativ häufig zu weit vorne geschnitten – in völliger Unkenntnis der Klauenanatomie und wohl auch des Sinnes einer Hohlkehlung. Dazu gibt es wohl nur mehr eine Steigerungsstufe – gar kein Modell.

Hier eine kurze Anekdote: Ich hatte die Ehre, an einer Kuh, die frisch von einem Berufsklauenpfleger beschnitten war, eine Klauenbehandlung durchführen zu dürfen, nachdem ihre Beschwerden unverändert weiter bestanden. Dieser „Profi" hatte unter anderem kein Modell geschnitten. Als er vom Tierbesitzer prompt telefonisch mit meiner Kritik konfrontiert wurde, kommentierte er dies mit der Bemerkung: „Mir ham so vü Arbeit – fia so an Bledsinn ham ma ka Zeit!" Seither schneide ich im genannten Bestand die Klauen – mit Modell.

Loses Horn

Ein weit verbreitetes Übel besteht darin, dass loses Horn am Ballen nicht rigoros weggeschnitten wird. Die verbleibenden Horntaschen bieten dann vor allem anaeroben Bakterien (die ohne Sauerstoff am besten gedeihen) optimale Lebensbedingungen.

Die vermeintliche Genialität mancher Klauenpfleger, egal ob Profi oder Amateur, führt bisweilen zu einem Klauenpflegestil, bei dem kein Messer zum Einsatz kommt. Auch das Modell wird mit dem Winkelschleifer geschnitten, was bei etwas Übung und einem geeigneten Gerät durchaus möglich ist. Spätestens beim Ballenhorn ist aber eine ordentliche und gewissenhafte Arbeit ohne scharfes Messer unmöglich!

Ich kenne Fälle, in denen die Schlamperei am Ballen dramatische Folgen hatte: Obwohl die Tiere in einem Anbindestall mit (zu kurzem) Kurzstand standen und glasharte, trockene Klauen hatten, gingen 20 % der Milchkühe in einem Jahr zur Schlachtung, weil massive Ballenfäule bis zur Lederhaut durchgefressen und dort zu Sohlengeschwüren geführt hatte,

Hier gibt´s noch tiefe Ballenfäule-Taschen.

Sauber geschnitten – so passt´s!

die nicht mehr ausgeheilt werden konnten bzw. ins Innenleben eingebrochen waren. Der Klauenpfleger hatte es selbst bei kranken Kühen nicht der Mühe wert befunden, die Ballenfäulerinnen mit dem Messer zu bearbeiten. Nach dem Niederschleifen des Ballens wurde alles großzügig mit Holzteer zugekleistert.

Kleinschleifen der Klauen

Wie wir bereits wissen, ist die Auftrittsfläche der Kuh im Verhältnis zu ihrem Körpergewicht relativ klein. Daraus resultiert eine hohe Druckbelastung pro Quadratzentimeter.

Ich gebe zu, dass kleine Klauen hübscher anzusehen sind und daher auch oft vom Tierbesitzer gefordert werden. Die Zugeständnisse an diese

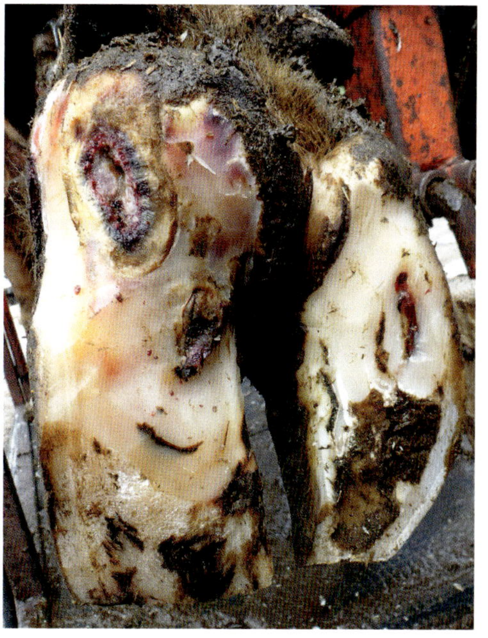

Rehklauen brauchen eine möglichst große Auftrittsfläche.

Klauenkosmetik dürfen aber nicht dazu führen, dass das Wandhorn am Tragrand eine Stärke von mindestens 5 mm unterschreitet!

Gerade bei Reheklauen, die manchmal sehr an Filzpantoffeln erinnern, ist die Versuchung groß. Dabei sind hier durch die Verlagerung des Klauenbeins, erkennbar an der verbreiterten Weißen Linie, die Verhältnisse in punkto Belastung besonders ungünstig.

Auch die Kuh würde, wenn sie die Wahl hätte, bequeme und zugleich unhübsche Arbeitsschuhe gegenüber solchen bevorzugen, die nett aussehen und schlecht passen!

Grundregeln für die Klauenbehandlung

Klauenrehe – Rehklaue

Klauensohlengeschwür (Rusterholz-Geschwür/ Ulcus)

Wanddefekt – Weiße Linie-Krankheit

Doppelsohle

Erkrankungen an der Klauenspitze

Ballen(-horn)-Fäule

Hornspalt, Hornsäule und Hornkluft

Verletzungen

Unklare Lahmheiten

Klauenerkrankungen

Da Klauengesundheit das Ergebnis einer Reihe von Einflussfaktoren darstellt, können wir selbst mit bestem Klauenpflege-Management und optimalem Pflegestil einen gewissen Prozentsatz an Lahmheiten nicht verhindern. Der Sitz der Lahmheit findet sich beim Rind in der Regel in den Klauen – nur ein geringer Teil der Ursachen liegt oberhalb an Knochen, Gelenken usw.

- Die Ursache für fast alle Klauenerkrankungen liegt in der gestörten Durchblutung der Lederhaut. Die Störung entsteht einerseits durch Überlastung, andererseits durch Botenstoffe von anderen Stellen des Körpers. Häufig findet man in der Praxis eine Kombination beider Ursachen. Auf die gestörte Versorgung der Hornbildungszellen folgt die Produktion von schlechtem Horn, das den Belastungen nicht standhält. Dies führt zu Zusammenhangstrennungen im Hornschuh. Zuerst entstehen kleine Risse, durch die Kot und Bakterien eingetreten werden und bis zur Lederhaut vordringen. Dort kommt es in der Folge zur Entzündung und auch zu Schmerzen.
- Neben den durchblutungsbedingten Erkrankungen verursachen Bakterien vor allem in der Ballenregion Probleme, indem sie Horn zerstören.
- Rein mechanische Zerstörung des Hornschuhs durch Verletzungen stellt nur relativ selten den Grund für Lahmheiten dar. Dazu gehören Ausschuhen, Eintreten von Fremdkörpern …

Die Kuh belastet nur mehr die Spitze der erkrankten Außenklaue.

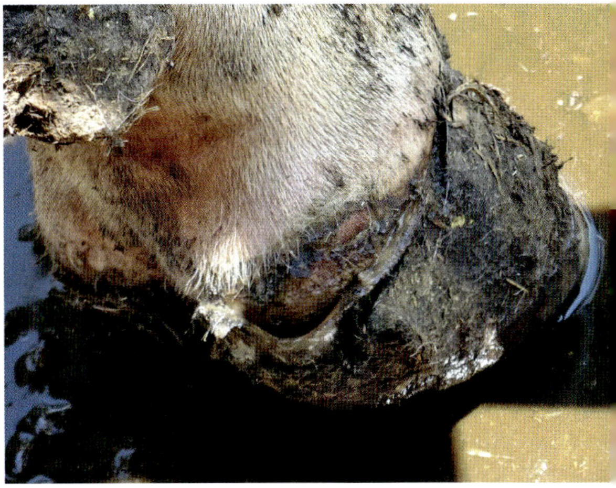

Eiter ist im Bereich des Ballens nach außen durchgebrochen.

Der wichtigste Faktor für die erfolgreiche Behandlung von Lahmheiten heißt Zeit, wenn ich einmal von der fachgerechten Versorgung eines Klauendefekts absehe. Die Kuh zeigt uns meist schon einige Zeit, bevor sie schließlich lahm wird, dass sie Fußprobleme hat: Sie liegt mehr, frisst weniger, krümmt beim Gehen den Rücken (Locomotion Scoring) usw. Aber es gibt gerade in der Landwirtschaft Zeiten, in denen für die Tierbeobachtung wenig Zeit bleibt, sodass diese Zeichen für mangelndes Wohlbefinden schon einmal übersehen werden können. Spätestens aber, wenn die Kuh beim Melken ein Bein entlastet oder nur mehr mit „Sondereinladung" den Weg in den Melkstand antritt, müssen die Alarmglocken läuten! Da lautet das Erfolgsrezept dann sofort: „Hoch das Bein!", denn jedes Zuwarten bei einer Lahmheit verschlechtert die Situation!!!

Der Grund dafür, dass viele Lahmheiten nach einiger Zeit etwas nachlassen, erklärt sich so: Die erkrankte Lederhaut produziert ein Wundsekret bzw. Eiter. Diese Flüssigkeit erzeugt innerhalb des Hornschuhs schmerzhaften Druck und „sucht" sich einen Weg nach außen, der meist entlang der Sohlenlederhaut nach hinten oder in der Weißen Linie nach oben führt. Sobald eine Austrittsöffnung entstanden ist, lässt der Druck innerhalb der Klaue nach und der Lahmheitsgrad verbessert sich. Das Risiko, dass es im Bereich der unterminierten Hornschich-

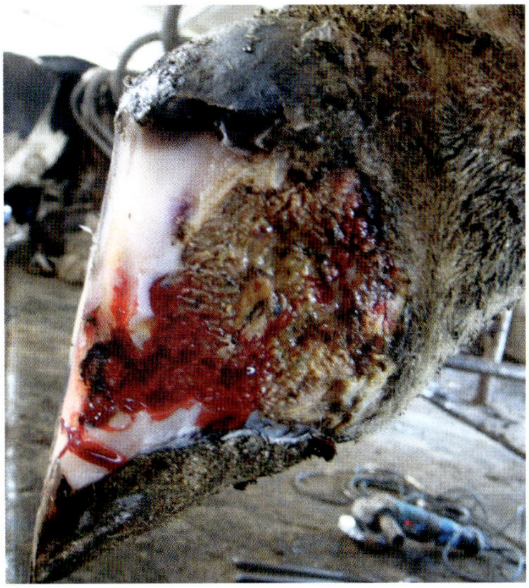

Unterminierter Wandbereich, mit Mortellaro-Erregern infiziert

ten zur Bildung von Abszessen und Geschwüren kommt, ist aber recht hoch, solange der Defekt nicht völlig freigelegt und entlastet ist!

Extrem komplizierte und häufig unheilbare Probleme entstehen, wenn Mortellaro-Keime die Lederhaut besiedeln und derartig schädigen, dass die Hornbildung für lange Zeit schwer beeinträchtigt ist – sich das „Loch im Schuh" daher nicht mehr schließt.

Genau deshalb empfehle ich jedem Betrieb ab etwa 30 Kühen die eigene Pflegestation. Dort ist das Problem mit einigen Schnitten in wenigen Minuten zu beheben.

In vielen Fällen folgt nämlich sonst diese Kette von Umständen:

1. Einige Tage abwarten, „ob´s vielleicht von selbst besser wird" – was kaum passiert; Steigerungsstufe: abwarten, ob vielleicht noch eine andere Kuh dazukommt;
2. dann doch den Gemeinschaftsstand holen, nachdem Arbeit XY erledigt ist – weitere Tage vergehen; Zeitbedarf zumindest 30 Minuten (ohne Fachgespräche); Alternative: Klauenpfleger anrufen (hat erst frühestens in 2 Wochen Zeit ...)
3. Kuh ausschneiden
4. Gemeinschaftsstand reinigen und zurückbringen; Zeitbedarf 45 Minuten (ohne Fachgespräche).
5. wird nicht besser, daher von vorne ...

Dabei geht einerseits wertvolle Zeit (und Milch) verloren, andererseits verschlechtert sich die Situation in der Klaue deutlich von einem nadelstichgroßen Defekt zu größerflächigen Schäden, im Extremfall bis zum Einbrechen von Bakterien und Eiter unter die Lederhaut. Während der Verzögerungszeit kommt es dann häufig bei

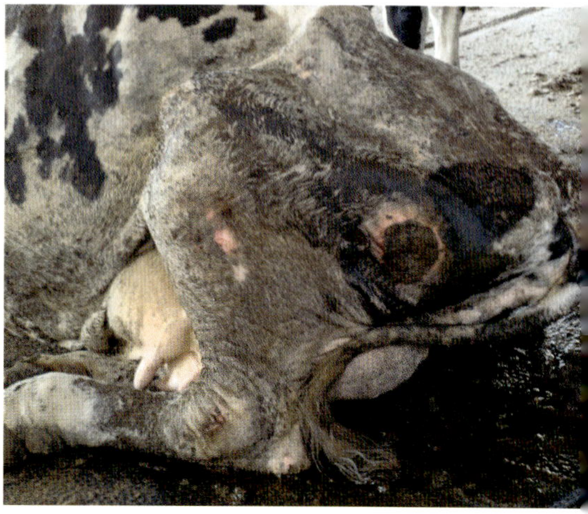

Lahmheitsfolgen

schlechten Stallverhältnissen zu zusätzlichen Problemen am Sprunggelenk, Knie usw. Immer wieder gehen solche Tiere zur Schlachtung oder sind aufgrund von Veränderungen am Schlachtkörper gar als Lebensmittel untauglich.

Hier muss ich eine grundsätzliche Unterscheidung einführen zwischen einfachen (oder unkomplizierten) und komplizierten Klauenerkrankungen: Die Grenze ist die Lederhaut. Alle Erkrankungen, die an oder in der Lederhaut enden, werden als „einfach" bezeichnet. Im Gegensatz dazu sprechen wir von komplizierten Erkrankungen, wenn die Lederhaut durchbrochen wurde und sich die Entzündung bzw. Infektion in tiefergelegene Schichten ausgebreitet hat. Dieses Geschehen ist insofern dramatisch, als unterhalb der Lederhaut nur relativ schwach durchblutetes Gewebe (Fett, Bindegewebe, Sehnen ...) liegt, in dem sich Infektionen explosionsartig ausbreiten können. Sie sind dort auch mit besten Medikamenten oft nur schwer zu bekämpfen.

Zum besseren Verständnis der Situation ein Vergleich: Der Hornschuh entspricht etwa der Mauer und dem Zaun an einer Staatsgrenze. Gleich dahinter patrouilliert das Militär mit ho-

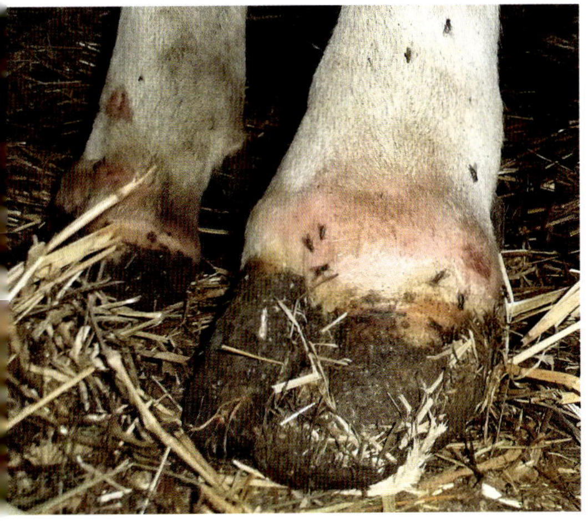

Komplizierter Klauendefekt

her Dichte und Frequenz. Das sind in unserem Fall die Körperabwehrzellen des Blutes. Eingedrungene Terrorkommandos werden aktiv bekämpft, denn nach dieser Zone folgt freies Gelände und die Autobahn ...

Bei diesen komplizierten Klauenerkrankungen kommt es zu einer Schwellung und Rötung oberhalb der Klaue. Dazu ist der betroffene Bereich auch höher temperiert. Im Gegensatz zu Infektionen über den Zwischenklauenspalt ist die kranke Zehe einseitig betroffen.

> Komplizierte Klauenerkrankungen bedürfen prompter und sachkundiger Behandlung durch den Tierarzt! Alle Eingriffe durch die Lederhaut hindurch müssen unter Schmerzausschaltung (Stauungsanästhesie) und deshalb vom Tierarzt durchgeführt werden!

Es gibt durchaus praktikable Verfahren, um zerstörte Klauengelenke oder Beugesehnen zu operieren und damit das Leben der Kuh zu retten. Die laufende Laktation ist dabei aber meist ein Streichresultat und die betriebswirtschaftliche Rechnung stimmt wohl auch nur ausnahmsweise bei jungen und hochleistenden Tieren. All das muss nicht sein, wenn rasch und kompetent gearbeitet wird!

Richtige Arbeit ist aber nicht unbedingt gewährleistet, wenn der Tierbesitzer zum Telefon greift ... Klauenerkrankungen sind nämlich in der Regel nicht mit Injektionen zu kurieren! Nicht selten bekommen lahmende Kühe von tierärztlichen Kollegen eine Ladung Antibiotikum verabreicht, ohne dass zuvor die Klaue inspiziert oder gar korrigiert wurde. Die Regel „keine Therapie ohne vorherige Diagnose" scheint in Bodennähe weniger zu gelten. Das Motto lautet da oft „hilft´s nicht, so schadet´s nicht!" und das Honorar wird in jedem Fall berechnet. Wird dann – ausnahmsweise – doch an der Klaue gearbeitet, so findet man zumeist unter einer Wolke von Verband eine Situation vor, die keine günstigen Heilungsbedingungen aufweist.

Hier fällt mir wieder eine nette Begegnung mit einem Bio-Kontrollor ein, der zufällig auf den Hof kam, als ich einen Klauendefekt behandelte. Er war begeistert, dass ich als Tierarzt diese Arbeit machte, und sagte zu mir: „Bei uns kommen da der Tierarzt und der Klauenpfleger miteinander daher, weil der Tierarzt kein schneidendes Messer hat und keinen Stand – und der Klauenpfleger traut sich nicht weiter hineinschneiden. Dann liegt die Kuh am Tisch und der Klauenpfleger fragt, was er machen soll. Der Tierarzt sagt: ‚Da.' Der Klauenpfleger schneidet und schon spritzt das Blut. Da sagt der Tierarzt: ‚So hab ich´s nicht gemeint!' Die Kuh haben´s dann eh wegtun müssen."

Ich werde Sie auf den folgenden Seiten mit modernem Behandlungsmanagement von einfachen Klauenerkrankungen bekannt machen und ermuntere Sie, Ihren Klauenpfleger und Tierarzt mit diesem Wissen zu konfrontieren! Es handelt sich dabei um erprobte Vorgangsweisen, die in fast allen Haltungssystemen zu Erfolg führen – einfach, logisch und ohne unnötigen Aufwand an Zeit und Material. Sie als Tierbesitzer und Herdenmanager sind in erster Linie dafür verantwortlich, dass jede Lahmheit ohne Verzug einer fachgerechten Behandlung unterzogen wird – zum Wohl Ihrer Kuh und damit auch Ihrer Brieftasche!

Grundregeln für die Klauenbehandlung

Jede einfache Klauenerkrankung ist im Prinzip eine Hautwunde. Eine Hautwunde heilt am besten, wenn sie Luft und Ruhe hat. Von einem Klauendefekt wollen wir, dass sich das Loch im Hornschuh so schnell wie möglich wieder schließt, damit die Klaue wieder normal funktioniert. Klauendefekte sind praktisch immer mit Bakterien besiedelt, die bei richtiger Behandlung selten zu Problemen führen (Ausnahme Mortellaro – siehe S. 118).

Alles, was wir als Klauenpfleger zu tun haben, ist der kranken Klaue schnell Bedingungen zu schaffen, unter denen Heilung möglich ist. Den Rest erledigt der Organismus der Kuh.

Ist die Kuh allerdings insgesamt in schlechtem Zustand und organisch am Ende (Leber ...), so dürfen wir uns nicht wundern, wenn auch die Heilungstendenz zu wünschen übrig lässt.

Klauenkranke Kühe liegen viel und das ist auch gut so. Im Liegen sind die Klauen zur Gänze entlastet und die Durchblutung der Lederhaut funktioniert optimal. Das bietet beste Heilungsbedingungen. Geben Sie besonders den lahmen Kühen Krankenstand – eine gute, weiche Liegefläche (Knieprobe!), damit sie schnell wieder gesund sind. Harte und/oder abriebsintensive Böden führen zu zusätzlichen Schäden (Technopathien) und komplizieren den Krankheitsverlauf!

Entlastung – „Bio-Stöckel"

Der erste Schritt ist immer die Funktionelle Klauenpflege. Dabei sind je nach Lahmheit zumindest beide Hinter- bzw. Vorderbeine zu beschneiden (s. S. 70)! Wird die FKP fachgerecht gemacht, so ist dadurch der Defekt entlastet, hat also Ruhe und Luft zur Heilung. Der Umfang der keilförmigen Entlastung an der defekten Klaue hängt von ihrem Zustand ab. Manchmal bleibt nicht mehr als die Größe einer Briefmar-

Hier wird eine Heilung schwierig sein.

Keilfömige Entlastung – „Bio-Stöckl"

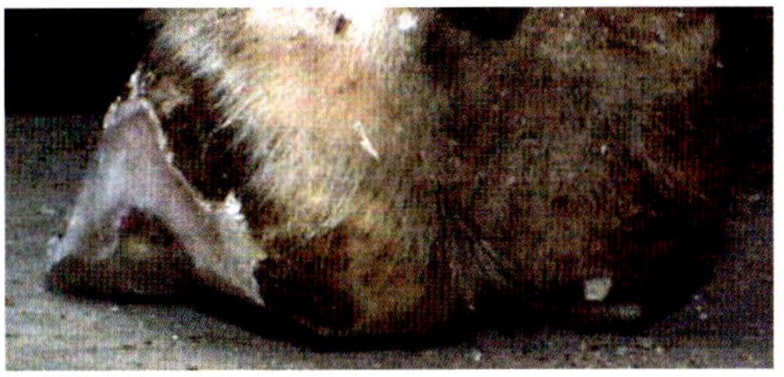

Die kranke Klaue und der Defekt sind entlastet.

Die gesunde Innenklaue bleibt so hoch wie möglich.

ke von der anfänglichen Auftrittsfläche. Das Wundsekret kann nun ungehindert abfließen und es kommt im Laufe von 2–3 Wochen zur Heilung der Lederhaut sowie zur Bildung einer feinen Hornschicht. Nach und nach wird dann der Hornschuh vom Körper repariert.

Da das Klauenproblem meist an der größeren, stärker belasteten Klaue auftritt, muss während der Heilungszeit von einigen Wochen die kleinere Klaue den Großteil des Gewichts dieses Beines tragen. Dazu ist es notwendig, beim Schneiden die Höhe der gesunden Klaue zur Gänze zu erhalten, um diese als „Bio-Stöckel“ nutzen zu können.

Ich verwende diesen Ausdruck als Gegensatz zur künstlichen Erhöhung der Innenklaue in Form von aufgeklebten Holz- oder Kunststoffklötzen, die heute am Markt sind. Die Verwendung einer künstlichen Erhöhung bringt aber nicht nur Vorteile und sollte meiner Meinung nach auf die Fälle beschränkt werden, bei denen die natürliche Höhe der kleineren Klaue nicht zur Entlastung des Defekts ausreicht. Im „Standardablauf“ dauert es relativ lange, bis eine Lahmheit zur Behandlung kommt. Die Kuh entlastet dadurch das kranke Bein schon längere Zeit und steht/geht schief, also mit mehr Gewicht auf dem gesunden Bein. Dadurch wird dessen Lederhaut zumindest zu vermehrter Hornproduktion angeregt, wenn nicht schon in der Tiefe überlastungsbedingte Störungen beginnen. Dieser Prozess wird durch das Kleben einer Erhöhung insofern angeheizt, als die Kuh in der Bewegung nun den „nackten“ Fuß bei jedem Schritt stärker belastet: Zur Probe bzw. als Beweis empfehle ich das Zurücklegen von 100 m mit einem Schuh! Der Unterschied zur Kuh besteht nur darin, dass diese in ihrer natürlichen Bewegung mehr hin und her schwankt, wodurch sich der Effekt verstärkt. Wir nennen das „Parallelogramm-Effekt“. Ist der ursprüngliche Defekt nach ein paar Wochen geheilt, so hat die Lahmheit häufig die Seite gewechselt. Der zuvor gesunde Fuß hat nun einen Schaden davongetragen. Das Problem geht in die nächste Runde. Wir sagen dazu „Ping-Pong-Effekt“ – und die Industrie freut sich.

Künstliche Erhöhung

Ist die Innenklaue zu niedrig oder zu niedrig geschnitten worden, so muss auf diese Möglichkeit zurückgegriffen werden, um die notwendige Entlastung zu erreichen.

Dazu gibt es einige Regeln, die beachtet werden sollten!

- Ein Stöckel darf nur auf eine gesunde, richtig beschnittene Klaue geklebt werden, die dick genug (5 mm) ist, da diese sonst der Belastung nicht gewachsen ist und in kurzer Zeit ebenfalls erkrankt.

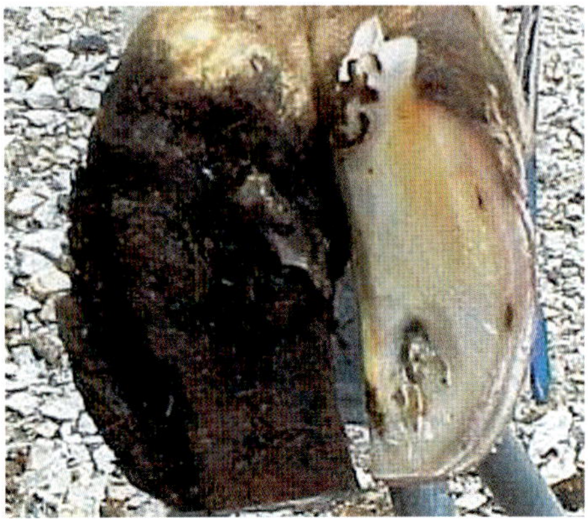

Die Innenklaue wird beschnitten.

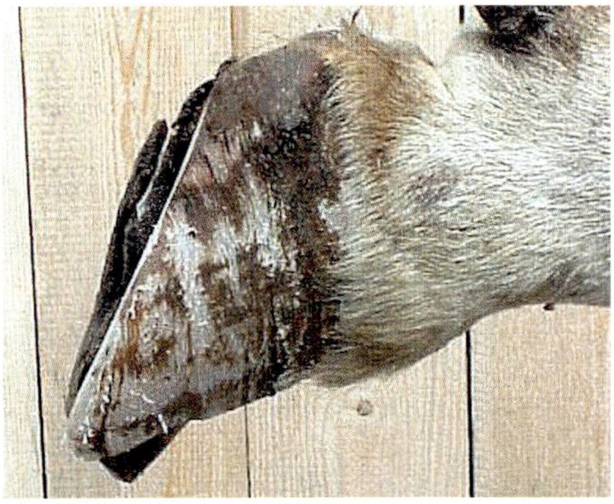

Die Wand wird gereinigt, leicht aufgerauht.

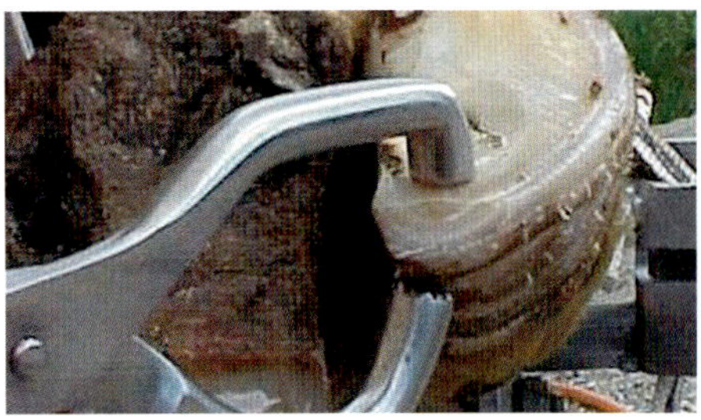

Die Klaue ist gesund und dick genug.

- Der Klotz muss groß genug sein, was dann der Fall ist, wenn er ca. 1 cm über das hintere Ende der Fußungsfläche hinaussteht (am Markt sind mittlerweile 2–3 unterschiedliche Größen erhältlich). Die Begründung dafür liegt im Klauenmechanismus: Die Klaue wird in der Belastung im hinteren Bereich etwas länger und breiter. Endet der Klotz an der angehobenen Klaue bündig, so drückt seine hintere Kante beim Gehen und Stehen in den Ballen und führt dort oft zu Geschwüren!
- Die Montage muss exakt im 90°-Winkel zur Mittelfußachse erfolgen.
- In der hinteren Klauenhälfte darf kein Kleber den Klauenmechanismus behindern. Kleberreste im Zwischenklauenspalt sind sofort zu entfernen, solange sie nicht ausgehärtet sind, da sie dort sonst zu Problemen führen.
- Nach spätestens 5–6 Wochen, bis dahin sollte der Defekt an der anderen Klaue ausgeheilt sein, ist der Stöckel kontrolliert zu entfernen. Es kommt sonst fallweise zum Einwachsen von Kleber oder Bruchstücken in die Klaue.

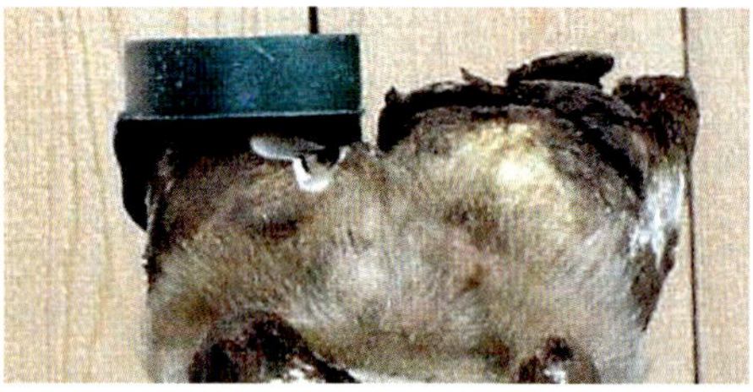

Der Klotz hat die richtige Größe.

Montage in korrekter Ebene

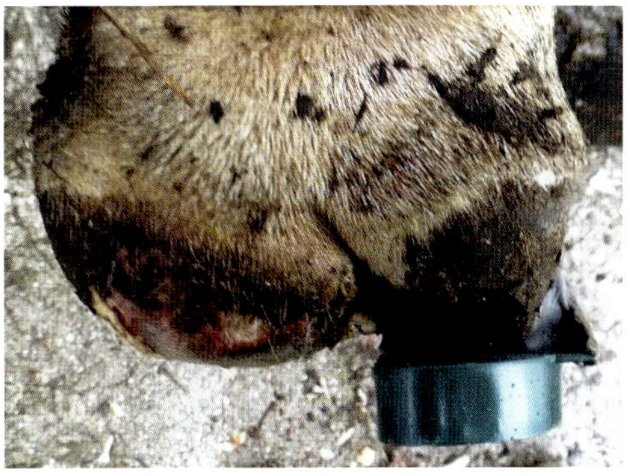

Kein Kleber am Ballen und im Zwischenklauenspalt

In der Praxis wird zuerst die Klaue vorbereitet, also beschnitten, trocken gereinigt und aufgerauht (Raspel, Granulatscheibe). Bei manchen Produkten ist zudem auch das Entfetten der Klaue nötig. Bei schuhförmigen Erhöhungen macht es Sinn, den Schuh ohne Kleber zu probieren, um Größe und Seite zu kontrollieren – das spart so manche Überraschung. Dann wird der 2-Komponenten-Kleber in einem Pappbecher oder direkt im Schuh abgemischt, bis die Konsistenz des Breis kaugummiartig wird – oder man verwendet gleich Spezialkleber aus der Kartusche. Mit dieser Paste kann der Stöckel geklebt werden. Die Verwendung von Einmalhandschuhen ist für die Handhabung des Klebers anzuraten. Ist der Klotz in der korrekten Lage, so hält man ihn bis zum Aushärten des Kunststoffs (unter Hitzeentwicklung!) in Position. Begleitet von einem kurzen Stoßgebet lässt man die Kuh dann zurück auf die Beine und hofft, dass das Ding lange genug kleben bleibt (oder rechtzeitig von selbst abgeht). Bei Außentemperaturen, die unter den Herstellerangaben liegen, spart man sich die Verwendung von Haarfön und dergleichen, indem man die Flüssigkeit und/oder den Plastikschuh für ein paar Minuten in einen Kübel mit heißem Wasser stellt.

Das Abnehmen der Stöckel gestaltet sich bei den verschiedenen Produkten etwas unterschiedlich: Holzstöckel entfernt man entweder durch Abreißen mit einer großen Zange oder durch Abhebeln von der Klauensohlenfläche her. Bei Plastikschuhen gelingt der Vorgang am besten durch Entfernen (Schleifen mit Granulatscheibe) des Wandteils. Danach kann der Bodenteil meist leicht abgerissen werden. Dringend abraten möchte ich vor der Bearbeitung von Kleber mit Messerscheiben, da die Schneiden damit sofort ruiniert sind.

Für welches Produkt man sich im Bedarfsfall entscheidet, hängt einerseits vom Preis und andererseits von den Anforderungen ab. Holz wird durch den Einsatz am Laufstallboden schneller abgerieben als Kunststoff, wodurch rasch ein Keil entsteht, der an der Klauenspitze dicker ist. Dadurch liegt die Belastung bald zu weit hinten und entspricht von der Geometrie her einer überlangen Stallklaue.

Generell schlecht funktionieren Stöckel bei Kühen mit weicher Fessel. Die Erfolge von allen Methoden der Entlastung bei sehr tiefem Boden (Tretmist ...) sind verständlicherweise nicht optimal, da alle Erhöhungen hier tiefer einsinken und dadurch die erkrankten Stellen stets Last und Bodenkontakt haben.

Verband, Spray, Teer ...?

Die traditionelle Klauenpflege und -behandlung war häufig gekennzeichnet durch den charakteristischen Geruch von Holzteer, der noch nach Tagen in der Stallluft hing. Außerdem wurden Berge von Verbandmaterial, Erdäpfelsäcken, Hosenbeinen usw. verbraucht, um die maroden Klauen zu verpacken. In meiner Tierarztpraxis wusste ich nach einem kurzen Blick auf das Wunderwerk sofort, welcher Klauenpfleger am Werk war – so typisch war der Verband, dessen Relikte sich noch lange Zeit später irgendwo am Bein finden ließen.

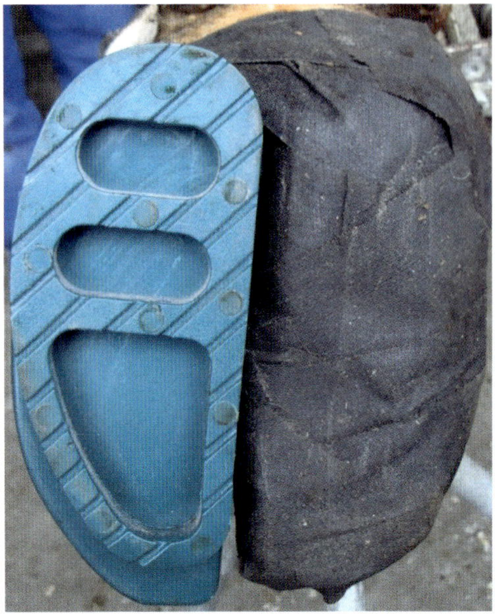

Kein Verband ohne Stöckel

Für Sie als Tierbesitzer gibt es eine gute Nachricht: Für den Großteil behandelter Klauenerkrankungen ist dieser Aufwand nicht erforderlich, wenn nicht sogar an der Heilung hinderlich! Auch in internationalen Fachkreisen gibt es zum Thema Verband bisweilen heftige Diskussionen, die sich meist zwischen zwei Gruppen abspielen: So befürworten vor allem Universitätsangehörige den Verband, während die Praktiker nur im Ausnahmefall zu Tupfer und Mullbinde greifen.

Sehr gut gefallen mir in der Abheilungsphase Plastikschuhe, die über beide Klauen gezogen und mit einer durchgehenden Schnur oberhalb der Klauen fixiert werden. Durch die seitlichen Öffnungen kann Luft ans Geschehen, die blank liegende Lederhaut ist aber vor Verletzungen geschützt.

Wenn man einen Verband anlegt, so ist zuerst ein Stöckel nötig. Der Verband erhöht nämlich die erkrankte Klaue, die, wie wir wissen, stets entlastet sein muss.

Die Technik des Klauenverbands möchte ich hier gar nicht näher beschreiben, da einerseits die moderne Klauenbehandlung ohne Verband auskommt und andererseits heute selbst haftende Binden zur Verfügung stehen, die sehr gut halten, auch wenn die Technik nicht perfekt ist.

Wird also ein Verband angelegt, so ist dieser im Abstand von 2–3 Tagen zu erneuern, um an der Wunde ein halbwegs heilungsfreundliches Milieu zu gewährleisten. Die Verbandwechsel sind zu wiederholen, bis die Wunde trocken ist und vom gesunden Rand her beginnt abzuheilen.

Der Aufwand an Zeit und Material ist beträchtlich und daher unter den Bedingungen eines Milchviehbetriebes kaum in der genannten Form durchführbar.

Die Praxis schaut dementsprechend anders aus: Der mehr oder weniger kunstvolle Verband wird meistens mit einer wasserdichten Schicht (Paketklebeband, Plastiksack, Autoreifenschlauch usw.) eingepackt und mit einer zusätzlichen Schutzschicht (Jutesack, Hosenbein …) vor Abrieb geschützt. Die Wunde ist mehr oder weniger blutig und zumindest im Umfeld mit Bakterien besetzt. Diese Kombination führt zur Bildung von Eiter, der eine der aggressivsten Substanzen des Körpers ist. Damit nicht genug, denn irgendwann wird auch die widerstandsfähigste Schutzschicht eines Verbands durchgerieben und Jauche saugt sich ins Material. Nun kommt zum Eiter die nächste aggressive Substanz … die erkrankte Lederhaut liegt bald in einem See aus Eiter, Wundsekret und Jauche – das Ganze luftdicht verpackt. Unter diesen ätzenden Bedingungen ist Heilung kaum möglich und die Wahrscheinlichkeit, dass der ursprünglich oberflächliche Lederhautdefekt in die Tiefe wandert, ist sehr groß.

„Verband-Ruinen"

Harmlose Blutung – nicht erwünscht, aber kaum ein Problem

Viele von uns kennen zwar die blutstillende Wirkung des Urins. Doch wem würde es einfallen, eine kleine Verletzung mit einem Pflaster zu verkleben, dieses dann mehrmals täglich anzupinkeln und nach einigen Wochen nachzusehen, wie die Wunde heilt? Viel eher entfernen wir doch das Pflaster, nachdem die Blutung gestillt ist, damit Luft an die Verletzung kommt und diese schneller heilt. Warum geben wir der Kuh nicht auch diese Chance?!

„Und was ist, wenn die Kuh damit in den Mist steigt?", lautet da oft die Frage vieler Teilnehmer an Klauenpflegekursen. Die dünne Lage Kot trocknet am liegenden Tier rasch ab und bereitet keine Probleme! Die Wunde ist schnell trocken, da das Wundsekret frei abfließen kann.

Mir fällt dazu immer eine Geschichte ein, die sich in der Anfangsphase meiner „verbandlosen Zeit" ereignet hat. Nachdem ich einen Defekt ausgeschnitten und die Kuh danach unverbunden wieder zurück in den Laufstall geschickt hatte, war der „Stallchefin" nicht ganz wohl. Am nächsten Tag hatten die Bäuerinnen eine Veranstaltung und besprachen natürlich dabei auch die letzten Neuigkeiten. Tags darauf erzählte mir eine andere Bäuerin: *„Die XY hot uns dazöht, daß de Kua auf´d Nocht im Mökstaund imma no bliat hot – oba auf olle 4 Haxn is´ draufgstaundn!"* Damit war „meine" Methode akzeptiert.

Am wenigsten Probleme auf freigelegten Klauendefekten macht langes Stroh, während Sägespäne gerne gemeinsam mit eingetrocknetem Blut usw. eine Kruste bilden. Sägespäne eignen sich allgemein schlecht als Einstreu, da die scharfen Kanten sehr aggressiv sind, besonders dann, wenn nur eine hauchdünne Schicht eingestreut wird (dazu mache man einen Selbstversuch und reibe unter Druck über eine Strecke von 30 cm – wie grobes Schleifpapier!).

Noch ein Wort zu Sprays: Die meisten desinfizierenden oder antibiotikahältigen Sprays sind wasserlöslich, der Wirkstoff ist in der Regel in Alkohol gelöst oder suspendiert. Nach ein paar Minuten am Boden ist der Großteil des Wirkstoffs im feuchten Belag aus Mist verschwunden, sodass die Behandlung von Klauendefekten mit diversen Mittelchen ziemlich nutzlos ist. Wenn es Sie beruhigt und Ihnen das Gefühl gibt, dass es hilft, dann verwenden Sie Sprays auch weiterhin.

Der „gute alte Holzteer", regional auch als Pechöl usw. bezeichnet, enthält krebserregende

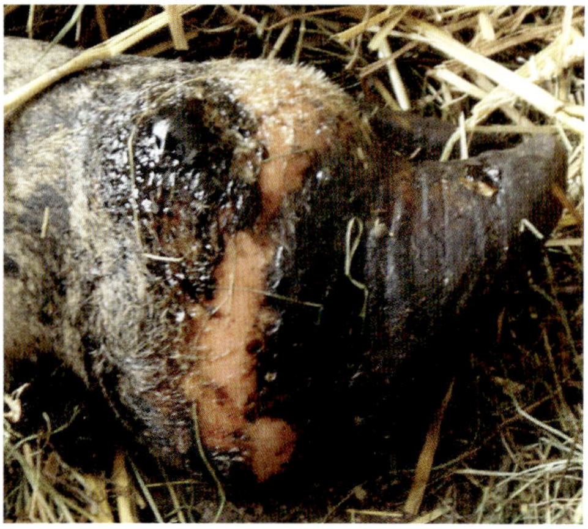

Stoffe und sollte daher von der Behandlung an Nutztieren ausgeschlossen werden. Teer trocknet zwar aus und desinfiziert ein wenig, ist aber insgesamt keine große Hilfe und vor allem dann unnötig, wenn das gesamte lose Horn gründlich entfernt wird. Die vorhandenen Reste sind an Zaunpflöcken und beim Obstbaumschnitt hervorragend und mit viel größerem Nutzen verwertbar.

Vermutlich Infektion des Klauengelenks – Teer wird nicht helfen.

Klauenrehe – Reheklauen

Im Kapitel über Stoffwechsel und Fütterung bin ich bereits auf die Ursachen dieser Erkrankung eingegangen, die oft als die Berufskrankheit der Milchkuh bezeichnet wird. Hier beschäftigen wir uns mit den Auswirkungen.

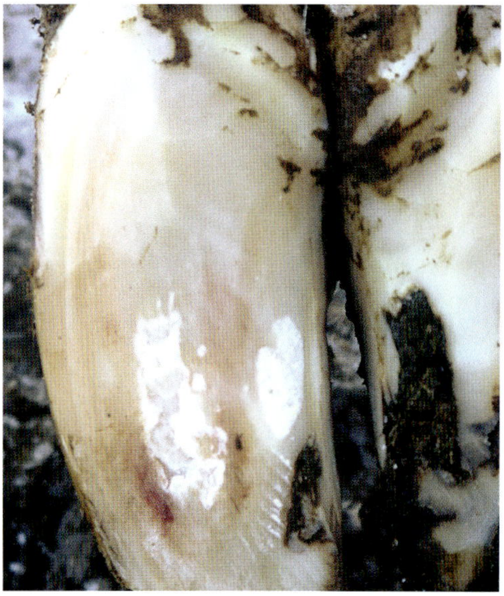

Schlechte Hornqualität und diffuse Bluteinlagerung

Klauenrehe bezeichnet das Stadium der Erkrankung, in dem die Durchblutung von gewissen Bereichen der Lederhaut gestört ist, weil Botenstoffe den Blutfluss verändern. Diese Botenstoffe entstehen ihrerseits bei einem krankhaften Vorgang irgendwo im Körper und gelangen über die Blutbahn in die Klauen. Die mangelhafte Versorgung der hornbildenden Gewebe führt zu sichtbaren Veränderungen im Horn (schlechte Hornqualität, Reheringe ...), muss aber keine dauerhaften Schäden nach sich ziehen.

In der akuten, auch schmerzhaften Phase der Durchblutungsstörung findet man häufig eine leichte Schwellung und Rotfärbung am Saumband. Die Kühe liegen viel, gehen sehr ungern und versuchen dabei die größeren Klauen zu entlasten, was zu einer sehr eigenartigen Körperhaltung führt: Bei meist gewölbtem Rücken stehen die Vorderbeine häufig eng oder überkreuzt, während die Hinterbeine weit auseinandergestellt werden.

Reheklauen sind dann das Ergebnis von Klauenrehe. Bei massiver Klauenrehe oder wiederholten Schüben von Rehe löst sich die Verbindung zwischen Lederhaut und Hornschuh.

Reheringe

Orangefärbung des Horns

Das nun „schwimmende" Klauenbein wird durch die Last von oben in Richtung Boden gedrückt. Durch den Zug der Beugesehne, der kräftiger ausfällt als jener der Strecksehne, senkt sich häufig die Spitze des Klauenbeins etwas weiter ab. Dieser Vorgang wird mit „Rotation" bezeichnet. Die Absenkung und Rotation sind nicht mehr rückgängig zu machen und führen zu einer chronischen Erkrankung.

Die **Folgen der Klauenbeinverlagerung** bieten dann ein buntes Bild an der Klaue:

- Typisch ist die konkave (Konkav – wie Kaffeehäferl. Das Gegenteil ist konvex – wie der Buckel von der Hex´.) Vorderwand der Klaue. Der Hornschuh verändert dauerhaft seine Form und wächst dem Klauenbein nach. An der Wand findet man Ringe, die keilförmig von vorne nach hinten verlaufen.
- Der Umfang der Fußungsfläche wird größer. Die Hauptveränderung besteht in einer starken Verbreiterung der Weißen Linie, deren Hornbeschaffenheit minderwertig wird.

Konkave Vorderwand mit Reheringen

Beginnende Verbreiterung der Weißen Linie an der Außenklaue, beginnender Defekt in der Weißen Linie, Ballenfäule-Sohlengeschwür

- Durch den permanenten Druck des Klauenbeins in Richtung Boden werden die Fettpolster gleichsam zerdrückt und verschwinden. Damit geht auch die Stoßdämpfung verloren. Unterhalb des Beugeknorrens, bei Rotation auch unterhalb der Klauenbeinspitze, entstehen infolge der ungedämpften Belastung letztendlich Geschwüre. Das gesamte Horn im Sohlenbereich ist in Farbe (Bluteinlagerung, Pigmentverlust ...) und Qualität (weich, bröselig ...) verändert. Häufig findet man bei der Klauenpflege auch Doppelsohlen als Indiz dafür, dass eine Zeitlang gar kein Horn gebildet wurde.
- Dazu findet man die gesamte Palette der nachstehenden Erkrankungen (z. B. Sohlengeschwür. Wanddefekt ...) in allen möglichen Kombinationen.

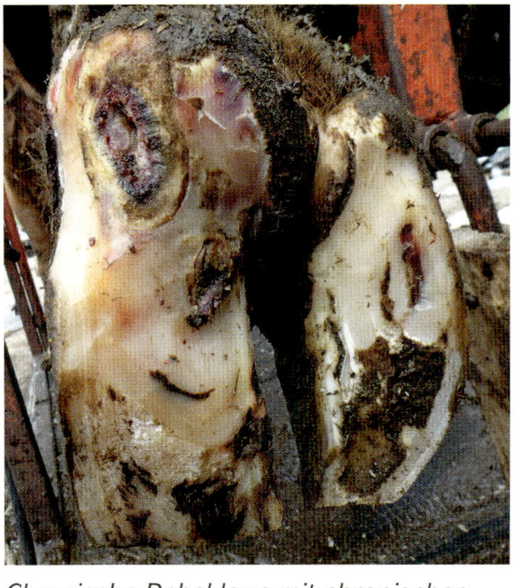

Chronische Reheklaue mit chronischen Geschwüren, die Innenklaue leidet bereits an Überlastung.

Anzeichen von Klauenrehe haben keine Konsequenzen für die FKP selbst. Die Rehe-Indizien liefern aber sehr wohl Informationen über die Gesundheit der Kuh als Ganzes und sollten zu einer Analyse des Geschehens der vergangenen Wochen führen. So können hoffentlich Fehler im System in Zukunft verhindert werden.

Reheklauen erfordern ein geändertes Programm. Dazu muss die Erkrankung bei der Reinigung der Klauen im Vorfeld der Pflege an der typischen Formveränderung erkannt werden. Reheklauen haben dünne Sohlen – dies berücksichtigen wir schon an der kleineren Klaue und geben ca. 5 mm Länge zu (je mehr die Vorderwand „durchhängt" desto mehr Zuschlag in Länge/Dicke). Daraufhin schneiden wir die 8 cm lange Innenklaue wieder auf mindestens 5 mm sichtbare Sohlenstärke. So gelingt uns die Entlastung der Reheklaue meist ganz gut. Das weitere Vorgehen, also die Schritte 2–5 entsprechen wieder dem Standardablauf.

Die Korrektur von Reheklauen sollte in einem Intervall von 2–3 Monaten erfolgen, wobei es in erster Linie um die Optimierung der Belastungsverhältnisse geht. Leider führt die Verlagerung der Gewichtsaufnahme auf die Innenklaue nach einer gewissen Zeit (bei optimaler Betreuung sind meist 1–2 Laktationen möglich) auch dort zu Problemen, die dann zur Schlachtung der Kuh führen müssen. Das Bild

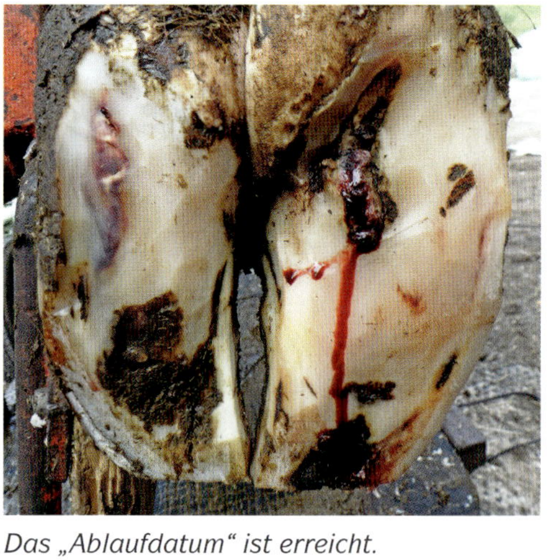

Das „Ablaufdatum" ist erreicht.

der hinteren Klauen schaut dann über kurz oder lang häufig so aus, dass alle Klauen krank sind und keine Aussicht auf Heilung mehr besteht. In diesen Fällen sollte man dem Tier weitere Qualen ersparen! Von Wirtschaftlichkeit kann ohnedies meist nicht mehr die Rede sein.

Klauensohlengeschwür (Rusterholz-Geschwür/Ulcus)

Das klassische Sohlengeschwür ist wohl jedem Rinderhalter bestens bekannt, egal ob er seine Kühe im Anbinde- oder Laufstall hält. Unter einer häufig zerklüfteten Schicht von Horn liegt in der Tiefe etwa am Übergang ins hintere Drittel der Sohle in der axialen Hälfte der Sitz dieser Erkrankung – genau unterhalb des Beugeknorrens am Klauenbein. Damit ist die Entstehungsgeschichte schon weitgehend klar: Besonders in der Bewegung, aber auch beim Stehen wird dieser Knochenvorsprung vom Gewicht der Kuh in Richtung Boden gedrückt – durch den schwankenden Gang an den hinteren Außenklauen stärker als an den Innenklauen.

An den Vorderbeinen sind eher die Innenklauen betroffen. Ich erkläre mir diesen Umstand mit der Drehbewegung auf den Innenklauen, wenn die Tiere mit an Halsrahmen/Fressgitter angedrücktem Buggelenk um Futter gieren.

Schema der Belastungssituation in der Klaue

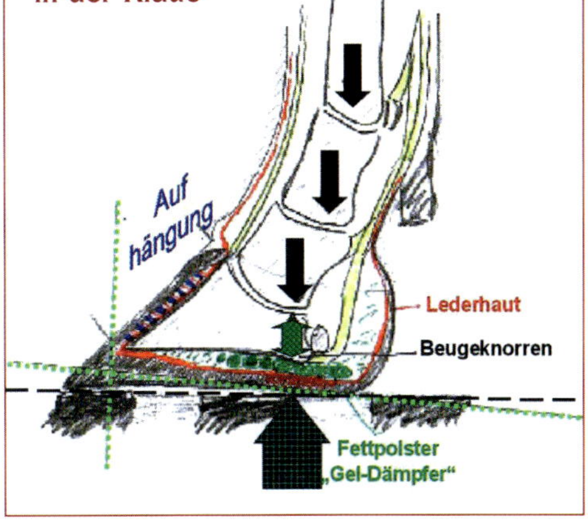

Dieser Vorgang regt die Hornbildung der darunterliegenden Lederhaut an, die sich dadurch zu schützen versucht. Nach einiger Zeit führt das zu einer (knolligen) Verdickung des Horns, das nun von unten her Druck ausübt.

Die Lederhaut, die nun zwischen Horn und Knochen eingeklemmt ist, erkrankt. Der Ablauf geht über feine Bluteinlagerungen (die wir beim Schneiden augrund der Hornwachstumsrichtung etwas weiter vorne und axial im Sohlenhorn finden), gestörte Hornbildung, Stopp der

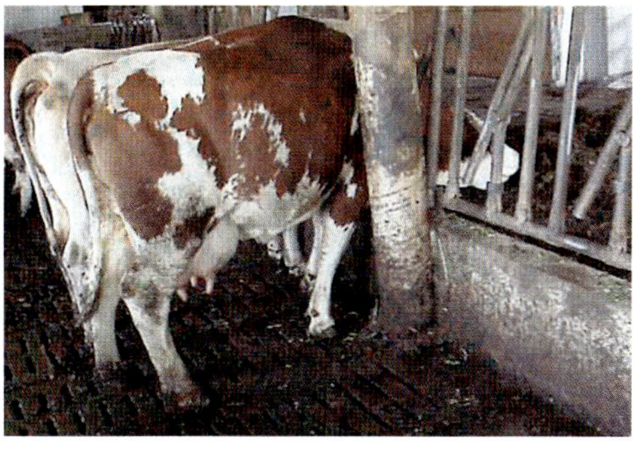

Vorderfußbelastung beim „Gieren“ nach Futter

„Antritte“ vor dem Fressgitter führen zu hohen Lahmheitsraten an den Vorderbeinen

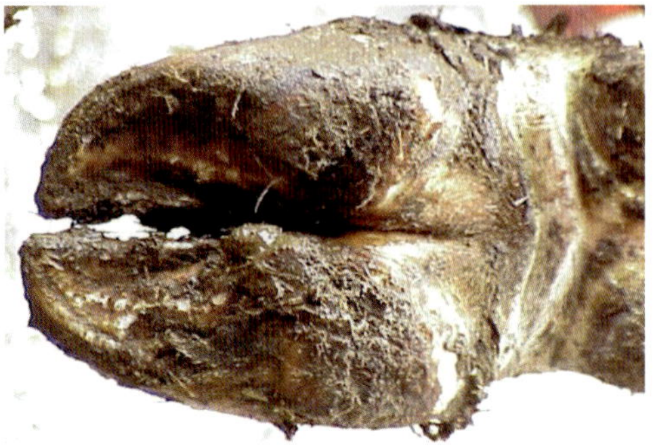

„Normale“ Hornverdickung unterhalb des Beugeknorrens

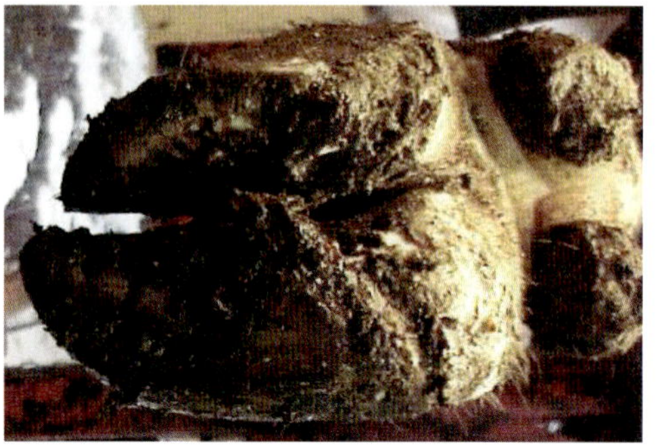

Starke Hornverdickung (leichte Rollklaue außen)

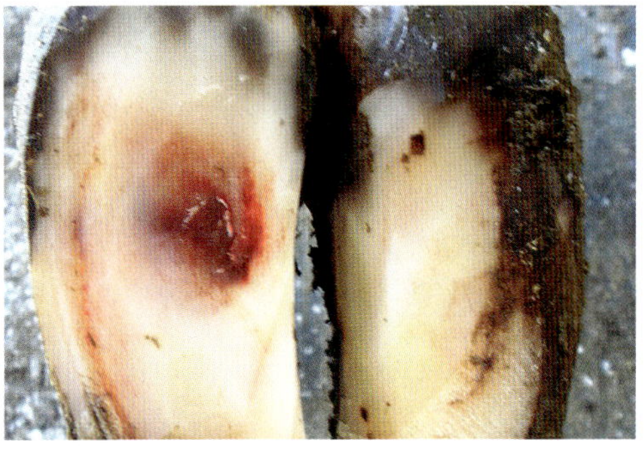

Bluteinlagerung

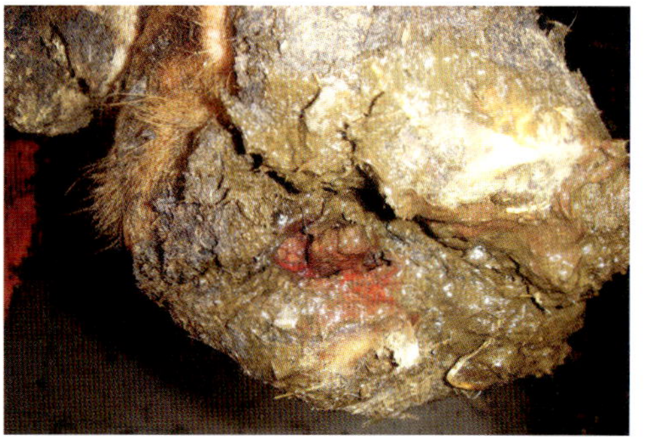

„Lederhaut-Pilz“

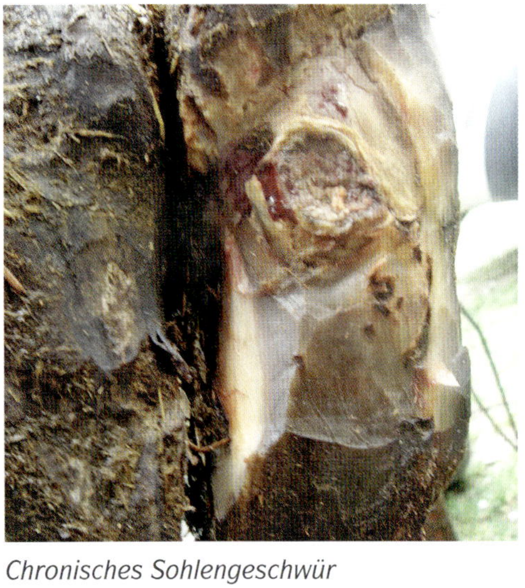

Chronisches Sohlengeschwür an einer Reheklaue

Entlastungsschnitt bei Sohlengeschwür

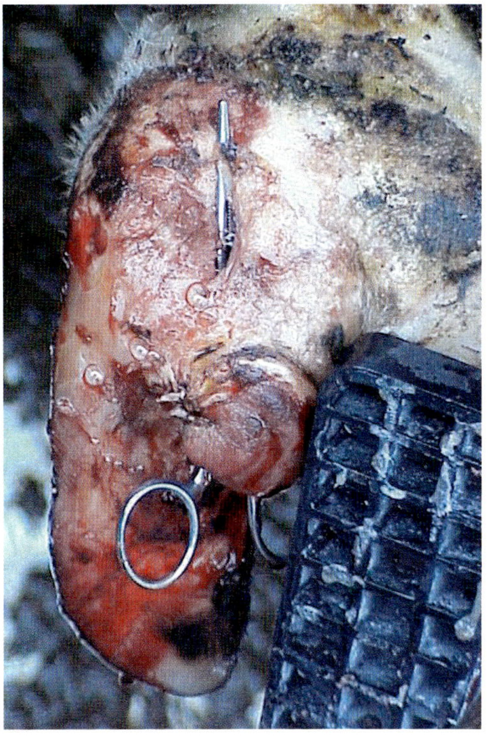

Kompliziertes Sohlengeschwür mit Ballenabszess

Hornproduktion bis zu einem Loch in der Sohle, das nach außen wächst.

Die nackte Lederhaut wird mit Kot und Bakterien konfrontiert, was zu einer Entzündung führt. Gleichzeitig kommt es durch den Druck auf den Rand des Lochs zum Blutstau.

Entzündung und Blutstau lassen die Lederhaut massiv anschwellen – es kommt zum so genannten Lederhautvorfall, der pilzartig hervorquillt. Auf diesem „Lederhaut-Pilz" findet man dann parallel alle möglichen Prozesse von Heilung und Gewebszerfall nebeneinander.

Der Fortbestand der schlechten Bedingungen kann dann zum tiefen Geschwür führen, das beim Durchbrechen der Lederhaut kompliziert wird und in weiterer Folge Beugesehne, Knochen und Klauengelenk angreifen kann.

Begünstigend für die Entstehung des Sohlengeschwürs sind zu lange Klauen, bei denen die Lastaufnahme in der hinteren Klauenhälfte erfolgt. Ähnliches passiert bei nach hinten gebrochener Zehenachse, unterständiger Fußstellung (auch bei zu kurzen Standflächen) usw. – also überall dort, wo das Gewicht zu weit hinten auf den Boden kommt.

Auch bei Reheklauen kommt es regelmäßig zu Geschwüren an dieser Stelle. Hier liegt die Begründung in der Absenkung des Klauenbeins und der damit verbundenen Zerstörung des Fettpolsters.

Die Behandlung des unkomplizierten Sohlengeschwürs ist einfach. Nach den Schritten 1–3 schneiden wir den Defekt großflächig aus und entlasten den gesamten Bereich, also auch den Tragrand in der hinteren Klauenhälfte, keilförmig. Dabei sollte das Horn am Übergang zur blank liegenden Lederhaut hauchdünn geschnitten werden, und zwar immer vom Defekt weg nach außen. Die kranke Stelle schwebt nun gewissermaßen über dem Boden und heilt rasch ab – in der Regel innerhalb von 2–3 Wochen.

Wo können Gründe für schlechte Heilungstendenz liegen?

- Neben den allgemeinen Fehlern beim Klauenschnitt (falsche Höhe, Modell fehlt/falsch geschnitten) wird häufig **nur das Loch im Horn sauber geschnitten, ohne eine echte Entlastung vorzunehmen**. Dadurch drücken die scharfen Kanten auf die Lederhaut wie eine Stanze, der Blutstau verstärkt sich und drückt das Leben weiter heraus.
- Der **Tragrand bleibt unverändert stehen**. Bei der Belastung kommt es weiterhin zur Kompression der Fettpolster, die die Lederhaut durch das Loch im Schuh herausdrücken. Dadurch ist keine Ruhigstellung gegeben und die Heilung verzögert sich.

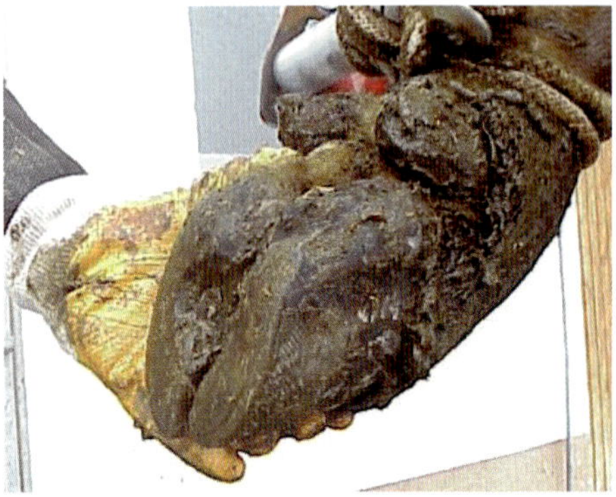

„Bombentrichter" ohne Entlastung – das Geschwür ist nicht ruhiggestellt.

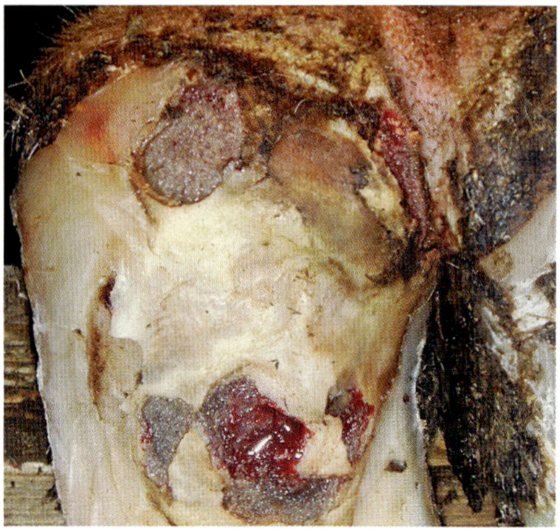

Die Lederhaut ist im Bereich des Sohlengeschwürs mit Mortellaro-Keimen besiedelt.

- Der **Lederhautvorfall** wird durch **Wegschneiden**, **Wegbrennen** oder **Verätzen entfernt**. Diese Vorgangsweise ist regional sehr gebräuchlich. Wir wollen von der Lederhaut hier vor allem, dass sie das Loch in der Sohle rasch schließt. Bei den genannten Praktiken muss aber erst die Lederhaut nachwachsen, um dann doch noch irgendwann wieder Horn zu produzieren ... Wer würde dem Maurer beide Hände brechen, wenn der Hausbau geplant ist? Der Lederhautvorfall zieht sich ohnehin innerhalb kürzester Zeit zurück, wenn die Stelle ruhiggestellt und die Entzündung abgeklungen ist.
- **Mortellaro-Erkrankung:** Die Erreger dieser Infektionskrankheit besiedeln die blank liegende Lederhaut. Dadurch kommt es zu langwierigen Hornbildungsstörungen und es muss in mehreren Behandlungsdurchgängen unterminiertes Horn entfernt und der Bereich des Defekts mit Antibiotikaspray oder anderen Chemikalien mehrmals behandelt werden.

Regelmäßige FKP, spätestens dann, wenn Hinweise auf überhöhte Außenklauen auftreten (Foot Score Winkel über 23°, kuhhessige oder bodenweite Stellung), können die Erkrankungsrate stark reduzieren. Das klassische Sohlengeschwür halte ich für großteils vermeidbar!

Wanddefekt – Weiße-Linie-Krankheit

Während in der Anbindehaltung das Sohlengeschwür prozentuell höher vertreten ist, kämpfen wir im Laufstall häufiger mit Wanddefekten. Irgendwo in der Weißen Linie, meistens in der hinteren Klauenhälfte, kommt es zu Zusammenhangstrennungen, durch die Kot und Bakterien eindringen. Diese gelangen in der Regel an der Umschlagkante zwischen Wand- und Sohlenlederhaut ans Leben und verursachen dort eine eitrige Entzündung.

Für die **Entstehung von Wanddefekten** gibt es prinzipiell zwei Möglichkeiten, die meistens in unterschiedlicher Gewichtung kombiniert vorkommen:

- **Mechanische Ursachen**

Aufgrund des Klauenmechanismus, also der Formveränderung der Fettpolster unterhalb des Klauenbeins, entstehen im Horn bei jedem Schritt starke Spannungen sowie Druckbelastungen an der Lederhaut. Den Großteil dieser Kräfte bekommt die Weiße Linie ab, die bekanntlich die Wand mit der Sohle nahtartig zusammenhält. Das Blättchenhorn dieser Schicht ist aber mechanisch nur begrenzt belastbar. Die Wahrscheinlichkeit von Einrissen ist also schon durch eine Art „Materialermüdung" gegeben und steigt bei den überlasteten Außenklauen stark an. Bei der Gewichtsaufnahme in der hinteren Klauenhälfte (lange Klauen, Stellungsfehler), bei fehlerhafter Klauenpflege (dachartige Beschneidung der Sohlenfläche) und nicht zuletzt bei strukturierten Böden (Punktbelastung) ist die Rate an Wanddefekten zusätzlich erhöht.

- **Hornqualität in der Weißen Linie**

Für minderwertiges Weiße-Linie-Horn kommen 2 Möglichkeiten in Frage: Die häufigere Ursache sind die Durchblutungsstörungen im Zuge der Klauenrehe oder durch Überbelastung der Lederhaut.

Ebenfalls möglich ist eine Unterversorgung mit Mikronährstoffen (Zink, Biotin), die ebenfalls zu einer mangelhaften Verbindung zwischen den Hornzellen führt.

Das schlechte Horn wird einerseits durch den ständigen Kontakt mit Bakterien und Jauche leichter zersetzt und ist andererseits mechanisch weniger widerstandsfähig.

Auch das Eintreten von Steinchen in die Weiße Linie bei Kühen, die auf die Weide gehen, gehört in diese Erkrankungskategorie. Schuld sind nämlich nicht die Steinchen, sondern die Hornqualität, von der die Fremdkörper regelrecht aufgesaugt werden. Bei Tieren mit gutem Horn ist dieses Phänomen nämlich kaum zu beobachten. Man hebe zur Bestätigung dieser Aussage nur einmal die Beine von Kalbinnen

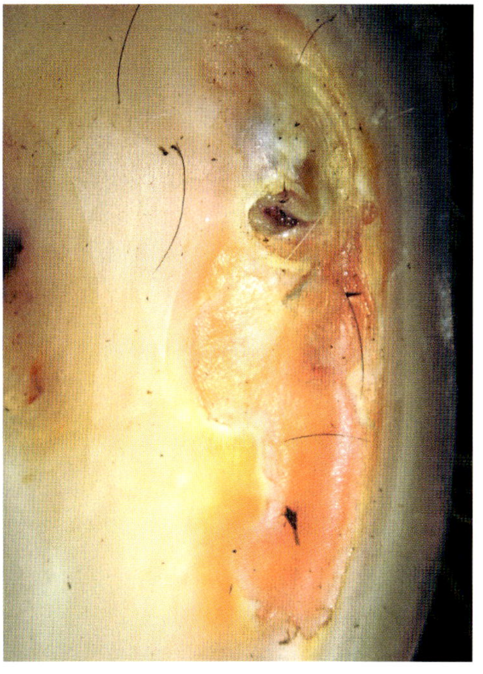

Frisches Wand-Sohlen-Geschwür – kleiner umgebender Bereich mit Doppelsohle

auf, die den Sommer über auf der Alm geweidet haben. Da fehlen derartige Souvenirs vollständig.

Die Erscheinungsformen des Wanddefekts sind wieder recht bunt. Im Anfangsstadium finden wir häufig Bluteinlagerungen und feine seichte Haarrisse parallel zu den Hornblättchen, die mit Schmutz gefüllt sind (quer liegend in der Weißen Linie).

Es folgen punktförmige Kanälchen, die schon weiter ins Horn reichen. Schließlich reißt die Weiße Linie in Längsrichtung. Der Riss füllt sich sofort mit Dreck, der dann wie ein Keil nach oben arbeitet und manchmal Teile der Wand wegbrechen lässt.

Sobald diese Zusammenhangstrennungen die Lederhaut erreichen, kommt es zu einer eitrigen Entzündung, später zu einem kleinen Sohlen-Wand-Geschwür. Das dabei gebildete Sekret sucht sich dann meist entlang einer wenig widerstandsfähigen Hornlage oder zwischen Lederhaut und Horn einen Weg nach außen. Der Sekretgang geht dabei oft sanduhrförmig in der Wand schräg nach oben und hinten, entlang der Sohlenkante nach hinten oder beides und bricht am Saumband bzw. am Übergang vom Ballenhorn zur Haut durch ins Freie. Zu diesem Zeitpunkt lassen die Schmerzen und die Lahmheit meist etwas nach, da der Druck des Sekrets auf die Lederhaut wegfällt.

Die Gefahr ist aber noch nicht gebannt, da unter der nun abgehobenen Wand weiterhin Eiter und Bakterien die Lederhaut angreifen. Recht häufig kommt es dann etwa in halber Höhe der Wand zu einem Geschwür, das leicht durchbricht (komplizierter Wanddefekt).

Da hier die Distanz zum Klauenbein und -gelenk sehr kurz ist, nimmt die Erkrankung dann bisweilen einen bösen Verlauf.

Die Behandlung eines Wanddefekts beginnt wie üblich mit den Schritten 1–3, wieder unter besonderer Schonung der Trachtenhöhe der gesunden Klaue. Dann schneiden wir die Sohle keilförmig dünner und beginnen damit etwas vor der Stelle, an der der Wanddefekt liegt. Danach wird vorsichtig das gesamte lose Horn an der Wand entfernt, wobei der Übergang in den gesunden Wandbereich rundum verlaufend auszudünnen ist. Der Tragrand kann so frei in einer intakten Verbindung von Wand und Weißer Linie nachwachsen und wird erst nach und nach wieder belastet. Gegen die Spitze zu wird noch ein Stück des Tragrandes entfernt, damit die sonst auftretenden Spannungen der belasteten Wand die Abheilung nicht beeinträchtigen.

Damit sind wir auch schon bei **schlecht heilenden Wanddefekten:**

- Zentraler Punkt für einen problemlosen Heilungsverlauf ist wieder die **ausreichende Entlastung** des gesamten Bereichs – Sohle und Tragrand. Das früher häufig praktizierte Auskratzen von Dreck und Fremdkörpern aus der Weißen Linie (oft wurde ich schon Zeuge einer meist kabarettreifen Vorstellung: „Vota schnö – jetzt liegt´s!", rief da jemand. Er griff sich das rostige Rinnmesser von der Fensterbank und sprintete zur bezeichneten Kuh, die natürlich spätestens nach ein paar Kratzern aufsprang ...) ohne gleichzeitige Beschneidung des danebenliegenden Tragrands führt nur dazu, dass der schwarze Keil ein Stück weiter nach oben getrieben wird.
- Bei Sohlen-Wand-Geschwüren kommt es mitunter auch zu einem **Lederhautvorfall**, der sehr hartnäckig sein kann. In diesen Fällen bringt ein Stöckel dann schnell ein besseres Ergebnis.
- Wird der **Tragrand nicht weit genug nach vorne entlastet**, so kommt es dazu, dass die Lederhaut im erkrankten Wandbereich bei jedem Schritt gezogen und gezwickt wird. Folge ist ein Hornspalt oder auch eine Hornsäule. Das Gleiche kann auch passieren,

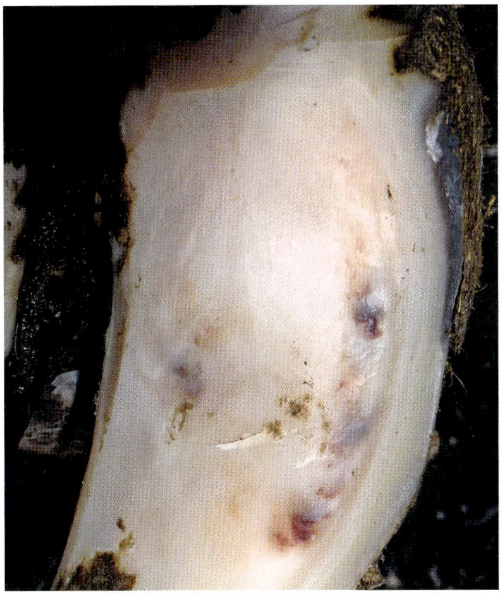

Bluteinlagerung als Vorbote des Defekts

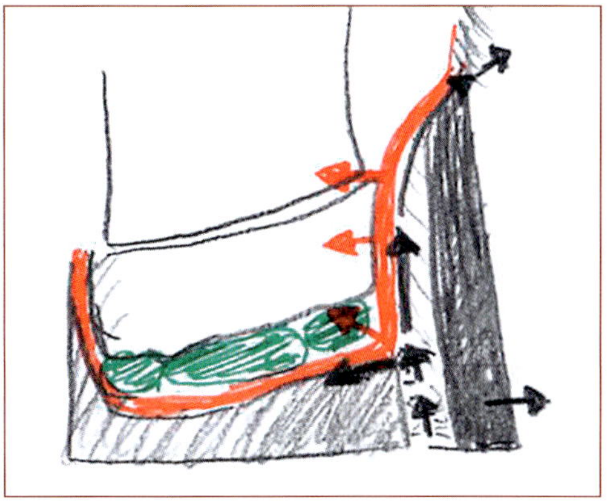

Schema Wanddefekt im Querschnitt – rote Pfeile markieren den komplizierten, schwarze den einfachen Verlauf der Erkrankung.

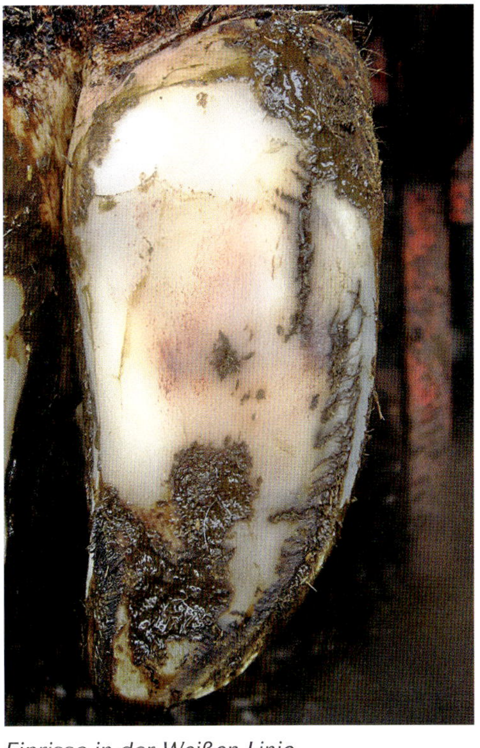

Einrisse in der Weißen Linie

Der Wanddefekt ist sanduhrförmig am Saumband durchgebrochen.

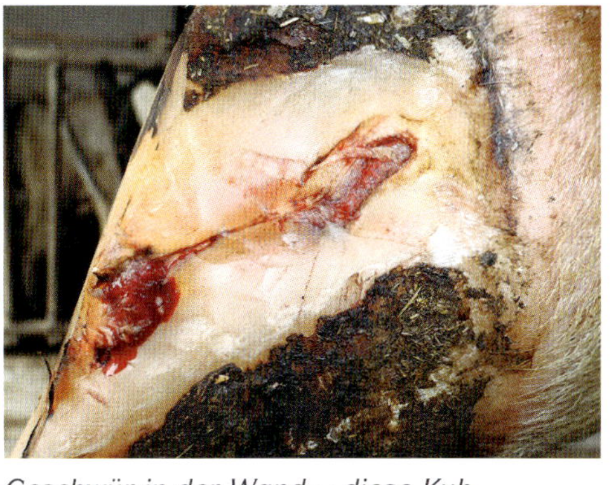

Geschwür in der Wand – diese Kuh ist bereits mit Mortellaro infiziert.

wenn die Ränder des Hornschuhs um den Defekt herum nicht weit und flach genug geschnitten werden. Dann drücken nämlich die Kanten in der Bewegung auf die blanke Stelle und stören die Verhornung.

- Bleibt ein Sohlensteg oder eine isolierte Horninsel hinter dem Defekt stehen, so resultieren daraus ebenfalls Heilungsstörungen. Die Belastung der **Sohlenreste** aktiviert den Klauenmechanismus und verhindert damit die Ruhigstellung des Defekts.

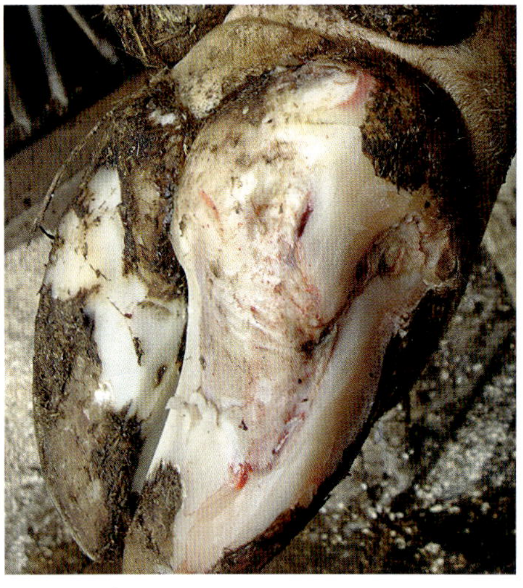

Wanddefekt und Doppelsohle weit genug nach vorne entlastet

- **Mortellaro-Krankheit:** Die nötigen Maßnahmen habe ich bereits beim Sohlengeschwür beschrieben. Besondere Aufmerksamkeit ist geboten, wenn ein Sekretgang am Saumband durchgebrochen ist. Zerstören die Spirochäten dort die Lederhaut, so kann es vorkommen, dass die Hornbildung dauerhaft beeinträchtigt ist, was zur Spaltbildung im Hornschuh führt und mit ständigen Schmerzen verbunden ist.

Wandgeschwür mit Nekrose

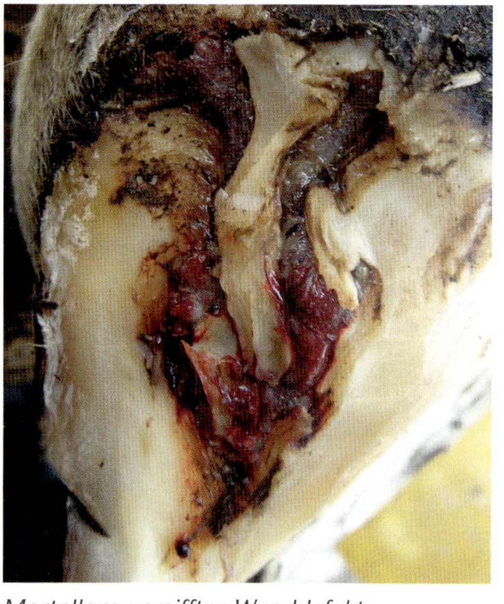

Mortellaro-versiffter Wanddefekt

Doppelsohle

Dieses Indiz für eine massive Störung der Hornbildung in den vergangenen Wochen erscheint beim Klauenschnitt in unterschiedlicher Ausprägung. Die monatliche Hornbildungsrate an der Sohle beträgt etwa 3 mm – eine Tatsache, die für die Interpretation und auch die Therapie dieser Erkrankung wissenswert ist. Da Doppelsohlen im Zusammenhang mit anderweitigen Problemen der Kuh zu sehen sind, macht es für die zeitliche Einordnung des Geschehens Sinn, auch die Wand des Hornschuhs genauer anzusehen. Dort findet man in der Regel einen Wachstumsring, der aus der gleichen Zeit stammt und bei 5 mm Wandwachstum im Monat eine bessere Aussage erlaubt als die Sohle.

Liegen die auslösenden Ereignisse schon länger als ca. 2 Monate zurück, so finden wir bereits beim Putzen der Klauen abgelöste Fetzen von Sohlenhorn, die nur mehr wenig Verbindung zum Hornschuh haben. Bei kürzerem zeitlichen Abstand tauchen die Veränderungen erst bei der Bearbeitung der Sohle auf und kündigen sich beim Schleifen meist schon durch ein „hohles Geräusch" an. Oft scheint auch ein dunkler Farbton durch die abdeckende Hornschicht.

Von der Ausdehnung der Doppelsohle und ihrer Entstehungsgeschichte her gibt es ebenfalls Unterschiede. Betraf eine starke Durchblutungsstörung den gesamten Sohlenbereich, zum Beispiel bei einer Rehe, so löst sich meistens die ganze Sohle, bei chronischer Klauenrehe oft auch in mehreren Schichten.

Kam es im Zuge eines Wanddefekts oder einer anderen Erkrankung zur Bildung von Eiter oder Wundsekret und suchte dieses nach einem Weg hinaus aus dem Hornschuh, so sind nur Teile der Sohle betroffen. Häufig liegt das abgehobene Areal am Rand der Sohle entlang der Weißen Linie, umrundet manchmal sogar die Klauenspitze und bricht am Ballen, aber auch im Zwischenklauenbereich durch.

Nach der Normalisierung der Verhältnisse wird dann wieder Horn gebildet, das die minderwertige oder abgelöste Schicht nach außen schiebt. Die Doppelsohle wächst hinaus.

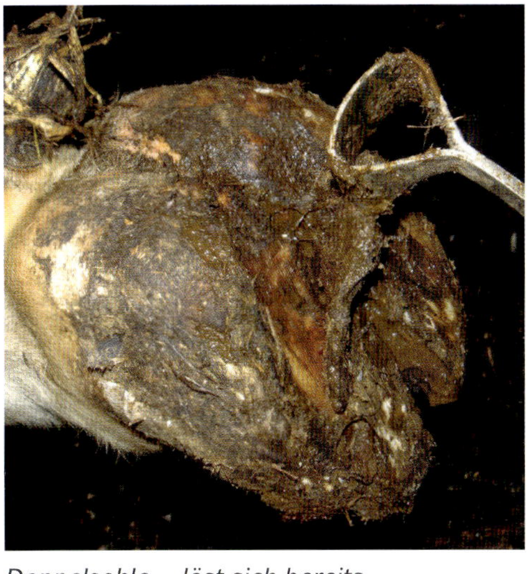

Doppelsohle – löst sich bereits

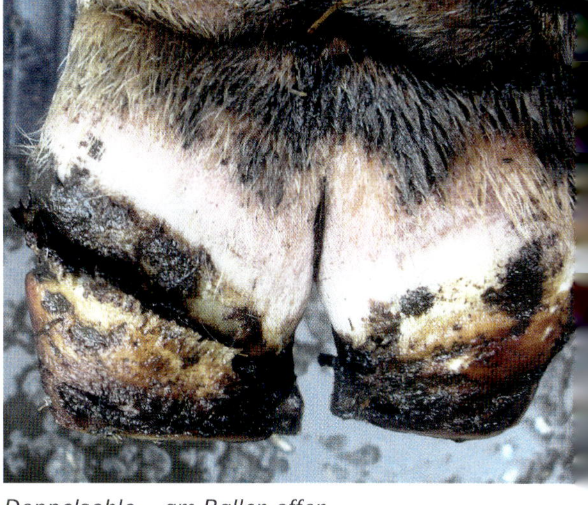

Doppelsohle – am Ballen offen

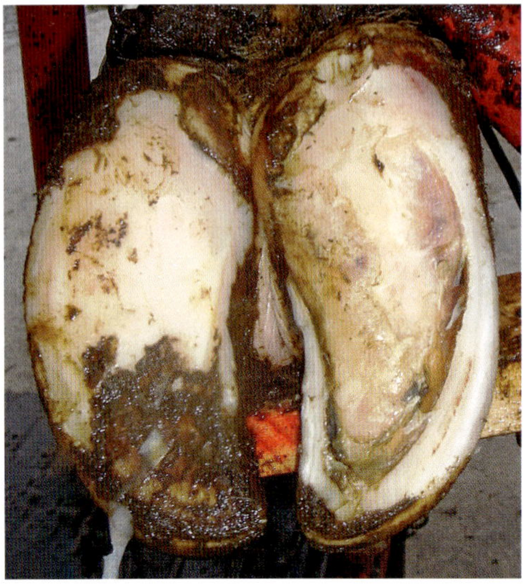

Loses Horn wurde entfernt, Klaue ist entlastet

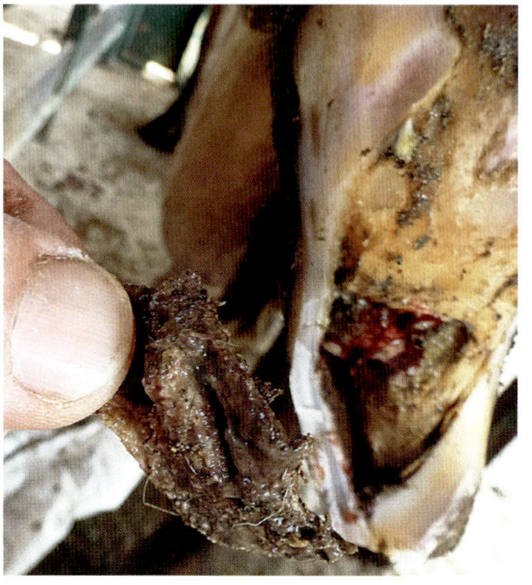

Klauenbein-Nekrose, Doppelsohle

Bei der Klauenpflege entfernen wir nun das gesamte lose Horn. Die verbleibende Sohlendicke ist aber schlecht abschätzbar.

Eine Ausnahme bildet eine frische Doppelsohle, bei der die Lederhaut der Sohle blank liegt. Meistens findet man eine Schicht Horn, das sich weich und feucht anfühlt – ähnlich wie unsere Fersen nach einem Aufenthalt in der Badewanne.

Daher entlastet man die Klaue mit der Doppelsohle nach den mittlerweile bekannten Regeln und verhindert damit jeglichen Abrieb in den folgenden Wochen. Bei 3 mm Hornwachstum an der Sohle und einer erforderlichen Dicke von mindestens 5 mm ergibt das eine abriebslose Schonungszeit von bis zu 8 Wochen.

In Laufstallhaltung ist es außerdem günstig, die Kühe einige Tage trocken aufzustellen, damit das Horn austrocknen kann und dadurch härter wird. Ich persönlich lasse üblicherweise den Tragrand einige Millimeter über das Sohlenniveau vorstehen, besonders an der Klauenspitze, damit die dünne Sohle etwas Schutz hat.

Da durch die Entfernung des losen Horns normalerweise bereits Entlastung erreicht wird, heilen Doppelsohlen in der Regel problemlos aus, sofern die gesunde Klaue geschont wurde. Der neben der Doppelsohle liegende Tragrand muss allerdings ebenfalls zurückgeschnitten werden. Problematisch ist während der Abheilungszeit ein Boden, aus dem harte Spitzen und Kanten hervorstehen (Schotter, gefrorener Mist …) oder auch Tretmist. Klauenschuhe bieten bei dieser Problematik einen guten Schutz.

Erkrankungen an der Klauenspitze

Wie ich schon mehrfach erwähnt habe, ist die Klauenspitze ein überaus heikler Punkt. Direkt unter der Lederhaut liegt bereits das Klauenbein, das dadurch sehr schnell von Infektionen betroffen ist. Knocheninfektionen der Klauenbeinspitze sind zwar grundsätzlich tierärztlich therapierbar (Amputation, Ausfräsen), die betriebswirtschaftliche Sinnhaftigkeit ist aber in den meisten Fällen nicht gegeben.

So bin ich als Beobachter von bäuerlicher oder gewerbsmäßiger Klauenschneiderei häufig mit sehr ungutem Gefühl dabei, wenn der Daumendruck auf die Klauenspitze zum Eindrücken der Sohle führt. Zu oft habe ich Gelegenheit, die Folgen zu behandeln oder noch öfter eine Behandlung zugunsten des Schlachters abzulehnen.

So deuten auch Aussagen von „Profis", „A bisserl Blut schadet net", auf völlige Unkenntnis des Innenlebens der Klauen hin. Das mag daher kommen, dass Kühe im Anbindestall auf Gummimatten kaum Abrieb an den Klauen haben und daher nach einigen unkomfortablen bis schmerzhaften Wochen wieder vernünftig stehen können. Wehe aber, wenn auf die Kühe ein relativ neuer Laufstall wartet ...

Ich unterscheide bei den Defekten an der Klauenspitze drei Kategorien mit unterschiedlicher Vorgeschichte:

- **Klauenspitzengeschwür als Sonderform des Sohlengeschwürs bei Reheklauen:** Durch das Abreißen der Verbindung zwischen Knochen und Hornschuh sinkt das Klauenbein ab. Zusätzlich kommt es zur Rotation – die Klauenbeinspitze sinkt also noch tiefer in Richtung Sohle und drückt dort permanent auf die Lederhaut. Diese erleidet dadurch einen Dauerschaden, der eine normale Hornbildung unmöglich macht. Es entsteht ein unheilbares Geschwür, das als solches erkannt werden sollte und zum Abgang der Kuh führen muss. Alle Therapieversuche verlängern nur die Qualen des Tieres und sind sinnlos!

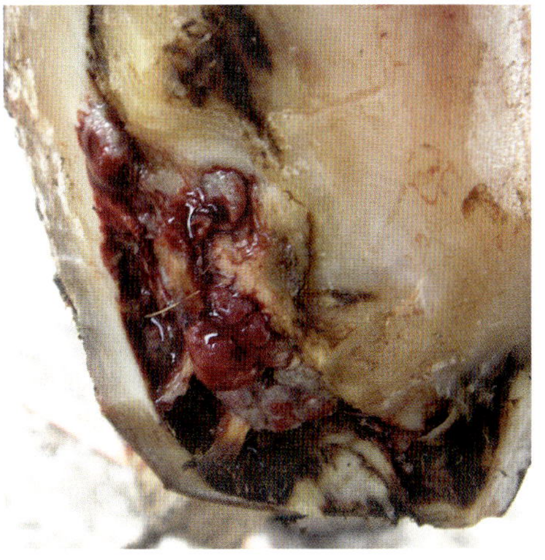

Klauenspitzengeschwür bei einer Reheklaue – infiziert mit Mortellaro

- **Entzündungen an der Klauenspitze nach Abreißen langer Klauen:** Gerade bei Jungtieren aus Haltungssystemen mit wenig Hornabrieb findet man häufig um einige Zentimeter zu lange Klauen. Bei diesen Tieren kommt es dann leicht beim Systemwechsel (Weide ...) oder Transport zum Abbrechen der Spitzen, was manchmal als durchaus wünschenswert einkalkuliert wird. „Die Geierschnäbel brechen eh auf der Woad ab ...", heißt es da lakonisch, als ob es dafür ohnehin eine Sollbruchstelle gäbe. Über die Einrisse, die dann bis auf die Lederhaut reichen und mitunter zu schmerzhaften Infektionen führen, macht man sich gerade beim Jungvieh wenig Kopfzerbrechen. Da schmerzt es schon um einiges mehr, wenn das bei Kühen am Beginn der Weidesaison passiert und nur mehr die halbe Milch im Eimer ist.

Eine einfache und praktikable, wenn auch im Sinne der FKP nicht befriedigende Methode, ist das Abstemmen der Spitzen auf ca. 8 cm mit einem Holzstemmeisen. So verhindert man wenigstens das unkontrollierte Abbrechen.

Die Sanierung der Bruchstellen gestaltet sich unter Umständen schon um einiges schwieriger, da auch hier das lose Horn zur Gänze zu entfernen ist. Dieser Vorgang führt häufig in den Bereich der Wandlamellen und braucht aufgrund der Schmerzempfindlichkeit der Lederhaut mitunter eine Anästhesie der Klaue. Hier ist auch oft das Kleben einer Erhöhung ratsam, um rasche Heilung zu erreichen. Die vorübergehende Stallhaltung ist empfehlenswert, zumindest bis eine feine Hornschicht den Defekt bedeckt.

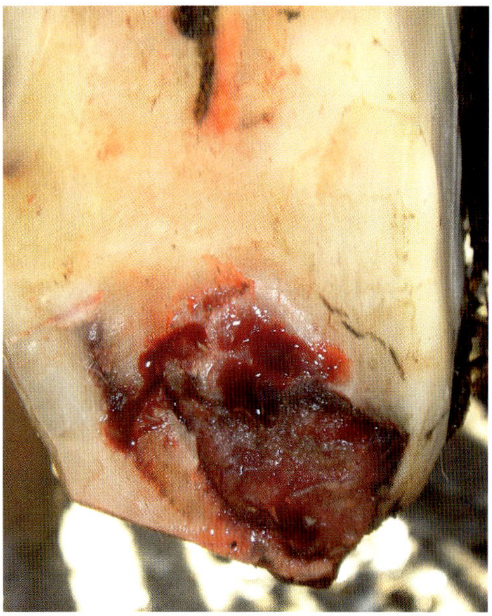

Die Klauenspitze ist abgebrochen, die Sohle blank.

- **Axialer Wanddefekt:** Diese Spezialform des Wanddefekts tritt an der kurzen Wand im Zwischenklauenspalt auf und muss wegen der anatomischen Nähe zur Klauenspitze aus meiner Sicht auch hier genannt werden – häufig an den Innenklauen. Grund dafür ist einerseits das Aufspringen auf andere Tiere mit nach außen gestellten Hinterbeinen (Brunst, Stiere), andererseits Raufereien, bei denen das Schieben dazu führt, dass die Hinterbeine rutschen. Häufen sich diese Probleme im Laufstall – meistens bei strukturierten Böden – dann gibt das oft einen Hinweis auf Platzmangel oder schlechte Rutschfestigkeit des Bodens.

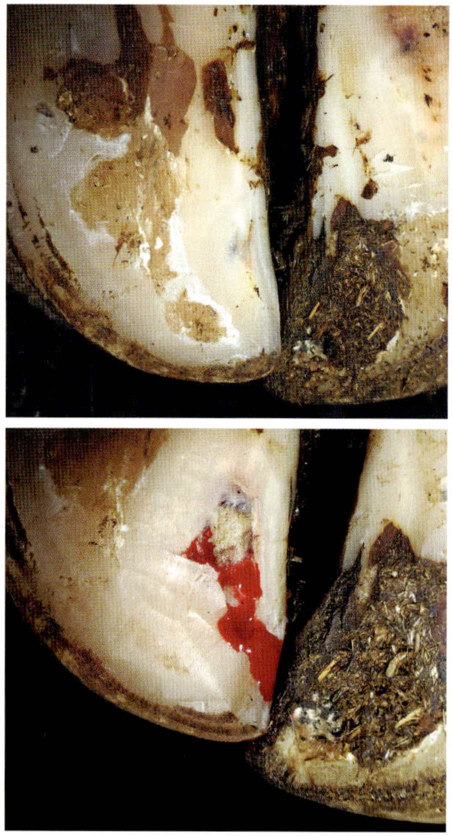

Axialer Wanddefekt

- **Weichschneiden, Durchschneiden oder Durchlaufen der Sohle an der Spitze:** Der Großteil dieser Fälle entsteht meiner Einschätzung nach durch falsche Klauenpflege oder Fehleinschätzung der Situation. Dazu zähle ich auch die Fälle von Kühen, bei denen vor Zeiten vermehrten Abriebs (geschotterte Treibwege zur Weide, neuer Laufstallboden ...) die Dicke der Sohle auf ein unter anderen Umständen korrektes Maß von 5 mm sichtbarer Sohlenstärke reduziert wurde.

Durchgelaufene Klauenspitzen

> Man kann es nicht oft genug wiederholen: Wenn die Sohle an der Klauenspitze auf festen Druck des Daumens nachgibt, so wird bereits die Lederhaut eingedrückt und die Sohle ist schon zu dünn!

Sollte das der Fall sein, so hat man Sorge zu tragen, dass für einige Wochen kein Abrieb an der Spitze passiert. Die betroffenen Tiere sind also anzuhängen oder in einer Strohbox zu halten, um die möglichen Komplikationen zu vermeiden. Auch Kunststoffschuhe, die meist über beide Klauen gezogen werden, helfen hier ganz gut. Eine genaue Beobachtung auf Lahmheit und/oder Schwellung ist jedenfalls zu empfehlen und hat im positiven Fall die prompte Konsultation eines kompetenten Fachmanns nach sich zu ziehen (Antibiotika usw.).

Völlig falsch wäre es für einen professionellen Klauenpfleger, nach einem derartigen Fehler stillschweigend mit der Arbeit fortzufahren! Missgeschicke können schließlich vorkommen, besonders an schwierigen Klauen. Es wäre aber falsch verstandene Berufsehre und ein viel folgenschwererer Fehler, hier nicht richtig zu reagieren.

Sollte nur die Spitze einer Klaue betroffen sein, so kann auf die gesunde Klaue eine Erhöhung geklebt werden. Auch so wird zusätzlicher Abrieb verhindert. Warnen muss ich allerdings davor, auf eine zu dünne Klaue einen Stöckel aufzubringen, da es dabei oft zur großflächigen Ablösung der Sohle und anderen Komplikationen unter der Kleberschicht kommt. Nach wenigen Tagen mit kaum oder geringer Lahmheit tritt in diesen Fällen typischerweise eine hochgradige Lahmheit auf. Der Fuß wird kaum noch belastet.

Ist nun durch die Klauenpflege selbst oder durch den nachfolgenden Abrieb der Hornschuh an der Spitze durch, so folgt meist eine sehr starke Lahmheit. Da meist mehrere Klauenspitzen betroffen sind, führt es in vielen Fällen zum Festliegen des Tieres. Hier sind sämtliche Experimente und Behandlungsversuche schlichtweg Tierquälerei!

Bei durchgeschnittenen/durchgelaufenen Einzelklauen geht die Behandlung in Richtung der bereits geschilderten Maßnahmen. Zusätzlich wird nach Korrektur der Klauen das gesamte lose Horn entfernt, um dem Sekret Möglichkeit zum Abfließen zu geben. Andernfalls ist zu befürchten, dass die Infektion nach innen geht, auf die Spitze des Klauenbeins übergreift und dort nur mehr sehr schwer in den Griff zu bekommen ist. Erkrankungen an der Klauenspitze bedürfen jedenfalls einer wesentlich intensiveren Nachkontrolle als relativ banale Defekte.

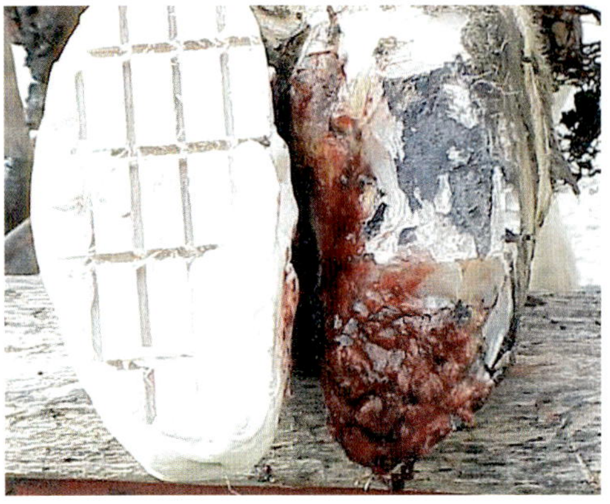

Infektion der Klauenbeinspitze

Komplikationen bei der Abheilung gibt es wieder durch nicht ausreichende Entlastung, bewegungsbedingte Verletzungen an der Klauenspitze (Abrutschen ...) und natürlich wieder durch die Mortellaro-Erreger. Klauenbein-Infektion und -Nekrose sind nach richtiger und rascher Behandlung des Klauendefekts eher selten.

Ein paar Tipps zur Übersiedlung in neue Laufställe, die häufig zu diesem Problem führen, werde ich am Ende des Buches zusammenstellen.

Abschließend zu diesem Abschnitt ein Bericht mit Happy End aus der Praxis: Ich wurde zu einer Kuh mit einer hochgradigen Lahmheit gerufen (Mutterkuh – Mitte der Trächtigkeit, Anbindehaltung auf Gummimatte, Kurzstand mit Gitterrost). Als Vorbericht hörte ich, dass von Akkordklauenpflegern vor 2 Wochen alle Kühe beschnitten wurden. Die betreffende Kuh stand am Abend des betreffenden Tages in einer kleinen Blutlacke, worauf der Bauer einen provisorischen Verband anlegte, darüber einen Plastiksack. In den folgenden Tagen wurden die Beschwerden der Kuh stärker, man erkundigte sich bei Freunden und Kollegen nach einem Fachmann und kam schließlich zu meiner Telefonnummer. Mittlerweile stand bzw. hüpfte die Kuh auf 3 Beinen und lag bei nachlassender Fresslust den Großteil des Tages. Am aufgehobenen Fuß fand sich ein quer liegender Sohlenriss im Abstand von einigen Zentimetern zur Klauenspitze, aus dem Eiter und Blut sickerte. Da folgte vom Tierbesitzer die ergänzende Bemerkung, dass die Kuh am Rückweg von der Klauenpflege in den Stall mit der Klaue im Gitterrost hängen geblieben sei. Dabei kam es zum Bruch der zu dünn geschliffenen Sohle und nachfolgend zur Infektion. Nach dem vorsichtigen Entfernen des losen Horns bot sich ein Bild, das mich stark an Gulasch erinnerte, darin Knochensplitter des Klauenbeins. Aufgrund der fortgeschrittenen Trächtigkeit der Kuh machte ich auf Wunsch des Besitzers einen Behandlungsversuch – Stöckel und offene Wundbehandlung – der glücklicherweise zum Erfolg geführt hat. Nach einigen Wochen war von innen heraus alles abgeheilt – auch ohne Antibiotika, auf die wir aus Gründen der Verwertbarkeit bewusst verzichtet hatten. Darauf zu wetten hätte ich mich allerdings nicht getraut, denn die Happy-End-Geschichten bei Klauenspitzendefekten sind rar.

Ballen(-horn)-Fäule

Die Ballenfäule ist ein Übel, das uns quer durch fast alle Haltungssysteme beschäftigt. In den meisten Fällen führt diese Erkrankung in leichten Stadien zu keinen offensichtlichen Beschwerden der Kühe, muss aber trotzdem ernstgenommen und bekämpft werden.

Es finden sich dabei im Ballenhorn Furchen und Horntaschen, in denen anaerobe, also luftscheue, Bakterien Horn zersetzen. Am Grund der Veränderungen liegt dann die graugrüne, stinkende Schmiere aus Bakterien und zerfallenem Horn. Der Prozess frisst sich immer tiefer und es kommt zur Reizung der Lederhaut. Das kann einerseits zu Geschwüren in der Tiefe der Furchen führen. Diese liegen einige Zentimeter hinter der Stelle des klassischen Sohlengeschwürs. Andererseits produziert die gereizte Lederhaut mehr Horn von minderer Qualität, in dem die Keime noch leichteres Spiel haben. Außerdem kommt es zur entzündlichen Schwellung des Hautballens.

Wird der Ballenfäule nicht durch eine geeignete Bekämpfungsstrategie wirkungsvoll der Kampf angesagt, so frisst sie schlussendlich die hintere Höhe weg. Es kommt zu einer Verlagerung der Gewichtsaufnahme nach hinten mit den bekannten Folgen.

In der Form des Hornfraßes gibt es Unterschiede. Während in Anbindehaltung die Ballenfäulefurchen meist schräg über den Ballen vom Zwischenklauenspalt nach außen verlaufen und somit im Klauenpaar eine V-Form bilden, ist die Fraßform bei Klauen aus dem Laufstall eher unregelmäßig. Die geringer belasteten Innenklauen sind meistens stärker betroffen. Hier wirkt der Klauenmechanismus, der zum Abtreten des eingetrockneten Drecks führt, weniger. Im Laufstall sind meist alle Klauen von der Fäule betroffen, während im Anbindestall die vorderen Klauen normalerweise gesund sind. Ausnahmen von der Regel gibt es bei undichten Selbsttränkern oder Kühen, die gerne mit dem Wasser spielen. Hier ist das näher beim Tränker stehende Bein ebenfalls oft an Ballenfäule erkrankt. Manchmal führt auch der Wechsel in den Bedingungen zu mehreren Etagen von Bal-

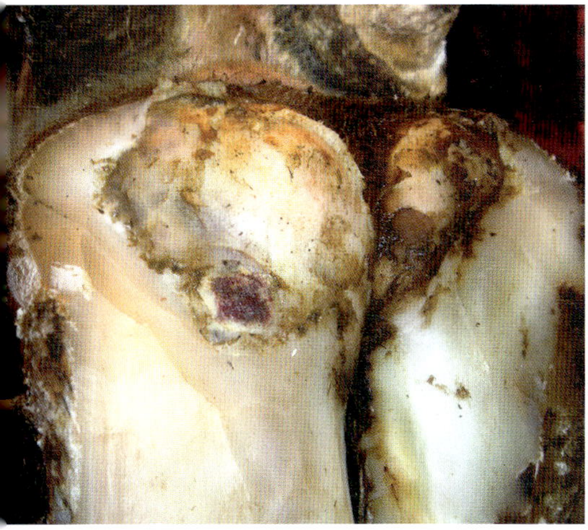

Tiefe Ballenfäule mit Geschwür und entzündetem Hautballen

V-Furchen, Schwellung und Geschwür am Vorderfuß (Anbindestall)

lenfäulefurchen, die dann oft bis in das hintere Ende der Trachtenwand reichen.

Für die **Entstehung der Erkrankung** wirken meist einige Faktoren zusammen:

- Hauptursache ist der **dauernde Kontakt** des Ballenhorns mit **Kot und Feuchtigkeit**, die im Laufe der Zeit den Ballen regelrecht einpacken (zusammen mit gemahlenem Stroh usw.). Anders gesagt, handelt es sich in den meisten Beständen um ein Problem der Stall- und Klauenhygiene.
- **Falsche Belastungsverhältnisse** (überlange Klauen, falsche Klauenpflege, Stellungsfehler – niedrige Trachten, zu kurze Standflächen – zwingen die Kühe zu unnatürlichem Stehen) führen zur dauernden Belastung der Ballenlederhaut, dadurch zu Durchblutungsstörung und schlechter Hornqualität.
- **Unkomfortable Liegeflächen** halten die Kühe auf den Beinen. Daraus folgt wieder die Störung des Blutflusses in der komprimierten Lederhaut. Die Kühe stehen permanent feucht, die Möglichkeit zur Abtrocknung im Liegen fehlt.
- **Aggressive Bakterien**. In manchen Betrieben tritt das Problem Ballenfäule ganz plötzlich auf, obwohl es keine Änderung im System (Haltung, Fütterung – Kotkonsistenz ...) gab. Lediglich ein Tier wurde zugekauft. Ich vermute daher, dass gewisse Bakterienstämme das Horn stärker zersetzen. Dieser Ursache gebe ich allerdings nur Ausnahmestatus.
- In Einzelfällen kommt es bei vielen Tieren zu **Schnitten im Ballenhorn,** die sofort von den **Bakterien** besiedelt werden. Hier ist eine Runde durch den Stall angesagt, um den Übeltäter zu finden und zu eliminieren. Häufig sind es Blechabdeckungen oder ähnliches. In einem Bestand war es ein Flacheisen, das die Seitenwände der Kraftfutterstation in Position hielt und am Boden verschraubt war. Beim Verlassen der Box im Retourgang kam es zu den seichten Schnitten im Ballenhorn, die nach Abdeckung des Bodens mit einer alten Gummimatte schlagartig verschwanden.

Schnitt am Ballen

Wie schaut nun die **Gegenstrategie** zu dieser Problematik aus? Sie ergibt sich logisch aus den Ursachen:

- **Stallhygiene:** Die Stand- und Laufflächen sind regelmäßig vom Kot zu befreien. Im Laufstall mit Spaltenboden wird dabei vor allem das tägliche Abschieben des Mists hinter den Liegeboxen notwendig sein, wo aufgrund der geringen Bewegungsaktivität der Kot nicht durch die Spalten getreten wird. Für diesen Vorgang leisten alte Motormäher mit einem Gummischild aus einem alten Traktorreifen anstatt des Mähbalkens gute Dienste – die Industrie bietet dafür vom elekrischen Schieber bis zum vollautomatischen Roboter alles Mögliche an. Bei mechanischen Entmistungssystemen auf planbefestigten Böden ist die Frequenz zu erhöhen (Zeitschalter) – ein paar Stäbe über dem Abwurfschacht verhindern dabei Unfälle mit vor der Zeit geborenen Kälbern usw.

Am schwierigsten gestaltet sich die Umsetzung von besserer Stallhygiene in Tieflaufställen und Ställen, die mit kleinen Fahrzeugen ausgemistet werden, während die Kühe beim Melken/Fressen sind. In Anbindeställen ist die Umsetzung von Hygienemaßnahmen ebenfalls schwierig. Manchmal kann der Einsatz von mehr Einstreu oder die zusätzliche Verwendung diverser Pulver (Steinmehl usw.) Verbesserungen bringen.

- **Klauenhygiene:** Hierzu empfehle ich das Waschen der Beine von den Afterklauen abwärts, sodass Fesselbeuge, Ballen und Zwischenklauenspalt sauber sind. Dieser Vorgang sollte mit reinem Wasser zweimal die Woche durchgeführt werden. Das funktioniert erfahrungsgemäß am besten, wenn man dafür fixe Zeiten einplant (Dienstag abend – Freitag früh). Zu Beginn dieser Prozedur bekunden viele Kühe ihr Missfallen durch häufigen Kotabsatz, was sich mit dem Gewöhnungseffekt allerdings in der Regel rasch bessert. Sollte die Gelegenheit bestehen, so hat eine Runde Bewegung in feuchtem Gras oder Schnee einen ebenfalls hervorragenden Reinigungseffekt.

Nach einer Runde im Schnee sind die Klauen sauber.

- **Plastikwannen-Klauenbäder** (mehr unter „Fußbäder") haben zumeist keinen optimalen Reinigungseffekt und verkommen leicht zu einem „Infektionsbad". Außerdem verhindert der nachträgliche Einbau im Stall meist die für eine gründliche Reinigung nötigen Dimensionen.
- **Regelmäßige FKP** – das Freischneiden des Zwischenklauenspalts und Entfernen sämtlicher Hornklüfte und -taschen am Ballen habe ich bereits mehrfach erwähnt. Nach richtiger Klauenkorrektur kommt der Ballen etwas weiter aus dem Dreck heraus und wird entlastet. Die glattgeschnittenen Klauen sind leichter zu reinigen. Durch den funktionierenden Klauenmechanismus an beiden Klauen fällt der Kot auch besser von selbst ab.
- Die **Verbesserung** des **Kuhkomforts** und **anderer Einflussfaktoren** hilft mitunter kräftig bei der Bekämpfung.

Hornspalt, Hornsäule und Hornkluft

Zuerst zur Klärung der Begriffe:

- Ein **Hornspalt** und auch eine **Hornsäule** verlaufen parallel zur Wuchsrichtung der Hornröhrchen. Beide beginnen meist am Kronsaum und wachsen in Richtung Tragrand. Schmerzhaftigkeit und Lahmheit treten nur dann auf, wenn die Unregelmäßigkeiten bis an die Lederhaut reichen. Während eine Hornsäule lediglich infolge des Drucks auf das Leben stört, kann ein Hornspalt, der bis an die Lederhaut reicht, rasch zu langwierigen Infektionen führen.

Ursache ist oft eine Verletzung im Saumbandbereich oder besonders sprödes Horn.

Die Klauen der Vorderbeine sind häufiger betroffen. Ich persönlich kenne diese Art der Erkrankung in erster Linie von Weidetieren in den Sommermonaten, wo es beim Anstoßen an Steine oder andere Hindernisse zu den auslösenden Verletzungen kommen dürfte. Dass diese Tiere auf der Stelle einzustallen sind, erwähne ich nur sicherheitshalber, denn das sollte selbstverständlich sein.

Hornspalten an der axialen Wand sind die Folge von Zwischenklauen-Infektionen – auch im Zuge von Mortellaro und/oder Tylomen. Sie führen meistens zu einer veränderten Belastung des Beins – die Spitze wird geschont – und dadurch zu langen Klauen. Die orthopädische Korrektur normalisiert die Belastung – parallel dazu muss aber auch die Ursache des Spalts bekämpft werden.

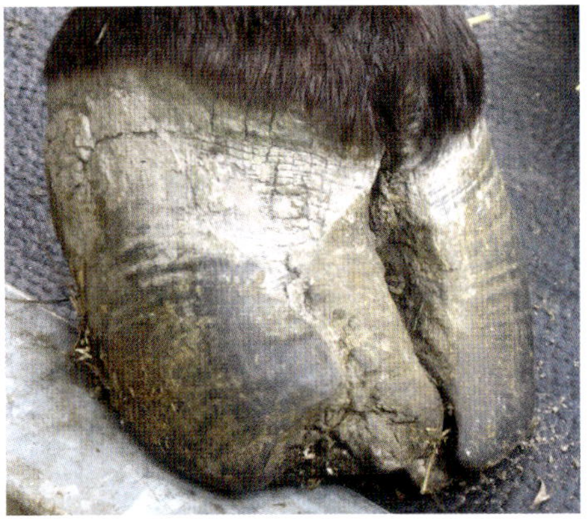

Hornspalt – international „Sand crack"

Hornspalten im Zwischenklauenspalt

- Eine **Hornkluft** verläuft quer zur Wuchsrichtung der Hornröhrchen. Sie kommt durch eine massive Erkrankung zustande, die zum Stop des Hornwachstums geführt hat. Man könnte sie also als schwerste Form eines Wachstumsrings/Reherings interpretieren. Auch hier kommt es nur zu Lahmheit, wenn die Lederhaut erreicht wird – häufig bricht die Wand etwa auf halber Länge beim Weidegang weg und blutet dann stark

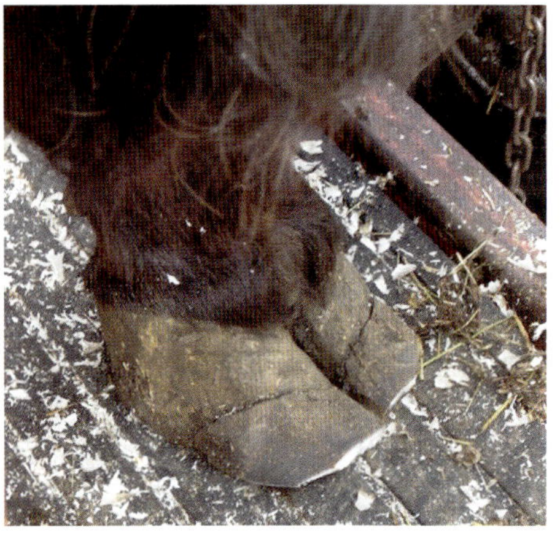

Hornkluft

Bei beiden, Spalt und Kluft, ist die Entlastung der erkrankten Klaue notwendig, damit die kaputte Wand ohne Belastung abheilen kann.

Bei tiefen Hornspalten ist die Schmerzausschaltung durch den Tierarzt erforderlich! Die an den Spalt grenzende Wand wird dann verlaufend ganz dünn geschnitten, um den Druck von den Kanten zu nehmen. Die parallel zum Spalt verlaufenden Wandabschnitte sind vom Tragrand her ebenfalls zu entlasten. Bei Infektionen ist zusätzlich der Einsatz von einem Antibiotika-Spray nötig.

Das lose Horn unterhalb einer Hornkluft wird ebenfalls vorsichtig entfernt, sodass die Schichten der Wand in intakter Verbindung bis zum Tragrand nachwachsen können.

Verletzungen

Verletzungen nehmen nur einen ganz kleinen Anteil im Spektrum der Klauenprobleme ein. Dementsprechend ist ihre Bedeutung insgesamt gering, obwohl sich die einzelnen Fälle meist ebenso spektakulär in der Erinnerung festsetzen wie die Behandlung, für die fast immer ein Tierarzt zugezogen werden muss.

- Ein **Bruch des Klauenbeins** präsentiert sich in der Regel mit einer hochgradigen Lahmheit an einem Vorderbein, das häufig überhaupt nicht mehr belastet wird. Daran muss man denken, wenn brünstige Kühe/Kalbinnen auf hartem und/oder unebenem Boden ihren Trieb ausleben. Beim Landevorgang nach dem Aufreiten kann eine Vorderklaue dabei so hart aufschlagen, dass es zum Bruch des Klauenbeins kommen kann.

  Durch die Fußstellung nach innen bzw. außen beim Belasten bekommt man meist gute Hinweise auf die betroffene Klaue. Durch das Kleben eines Stöckels auf die gesunde Klaue wird der Bruch ausreichend ruhiggestellt, um ohne weiter Fixierung abheilen zu können. Die beiden Teile des gebrochenen Knochens haben innerhalb des Hornschuhs wenig Bewegungsmöglichkeit. Wenn nötig kann der Tierarzt Medikamente gegen Schmerzen und Entzündungen einsetzen.
- **Ausschuhen:** Der Hornschuh wird dabei zur Gänze von der Lederhaut abgehoben. Das kann einerseits durch ein massives Durchblutungsproblem passieren (Rehe), ist aber zumeist die Folge eines Hängenbleibens der Klaue in einem Spalt, an einem Blech usw. Vor allem Transport- und Treibvorgänge beinhalten immer ein gewisses Verletzungsrisiko.

  Die blanke Lederhaut blutet dann oft stark. Es sollte jede Verletzung im Klauenbereich gesäubert, untersucht und entsprechend behandelt werden – im Zweifelsfall durch einen Tierarzt.

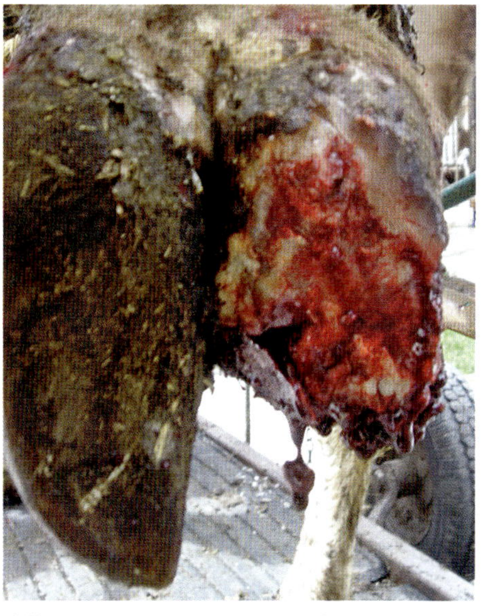

Offener Bruch des Klauenbeins

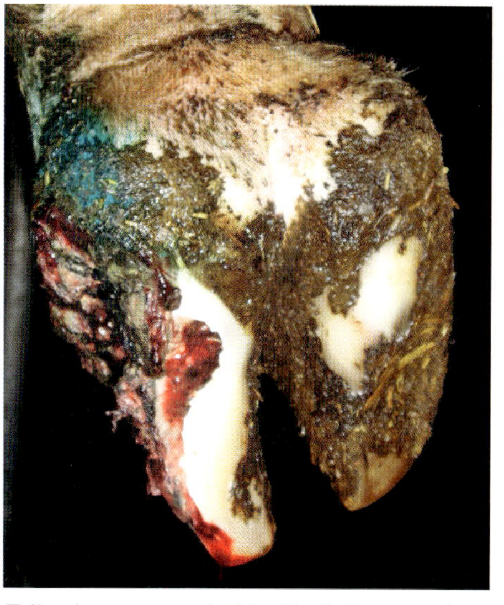

Teilweise ausgeschuht, die Seitenwand ist von oben weggerissen

Auch bei dieser Verletzung kommt sinnvollerweise eine Erhöhung auf die gesunde Klaue, um optimale Heilungsbedingungen zu erzielen. Nach Reinigung und Kontrolle der Wunde würde ich mit geeigneten Mitteln desinfizieren oder Antibiotikaspray aufbringen, danach für ein paar Tage einen leichten Verband zur Blutstillung anlegen. Wird das Anstoßen und eine Infektion nämlich verhindert, so überhornt die Lederhaut normalerweise innerhalb von einigen Wochen komplikationslos.

- Relativ häufig kommt es zum **Eintreten von** allen möglichen **Fremdkörpern** in die Sohle – meist im hinteren Teil. Da findet man Nägel, Bierkapseln, Glasscherben und Milchzähne, die entweder noch stecken (oder Teile davon) oder bereits wieder verloren sind, aber einen Stichkanal hinterlassen haben. Man schneidet standardmäßig den gesamten veränderten Bereich weg und legt die verletzte Lederhaut vorsichtig frei. Dort wird danach geschaut, wie tief die Verletzung geht. Hat man den Verdacht, dass ein Stich die Lederhaut durchstoßen hat, sollte man wieder einen Tierarzt zuziehen, denn es besteht das Risiko einer komplizierten Infektion (Sehne, Klauengelenk ...).

Nagel steckt noch in der Sohle.

- Die weitere Vorgehensweise am **Hornschuh** entspricht jener beim Sohlengeschwür (keilförmige Entlastung, Biostöckl/Erhöhung). Ich erinnere mich an eine fast seuchenhafte Situation in einem russischen Großbetrieb im Winter: Die Führungsrinnen der Schieberseile waren zugefroren, sodass die Seile offen auf den Laufflächen lagen und die Litzen 1–2 cm von Seil abstanden. Sobald sie die Klauensohlen durchstochen hatten, brachen sie ab und steckten dann reihenweise im Horn – teils bis in die Lederhaut.

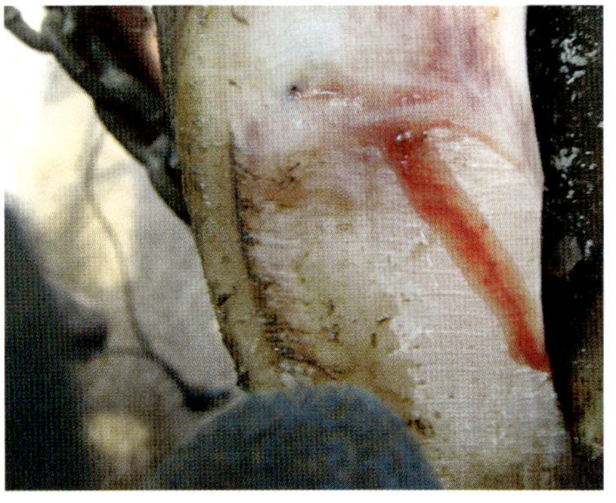

Nadelstichartige Verletzung durch Schieberseil

Entfernen des abgebrochenen Drahtstücks

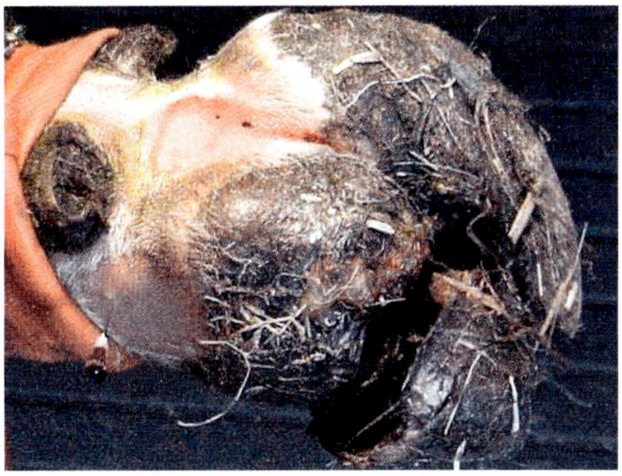

„Amputierte Klaue" mit Stauschlauch und Nadel zur Anästhesie

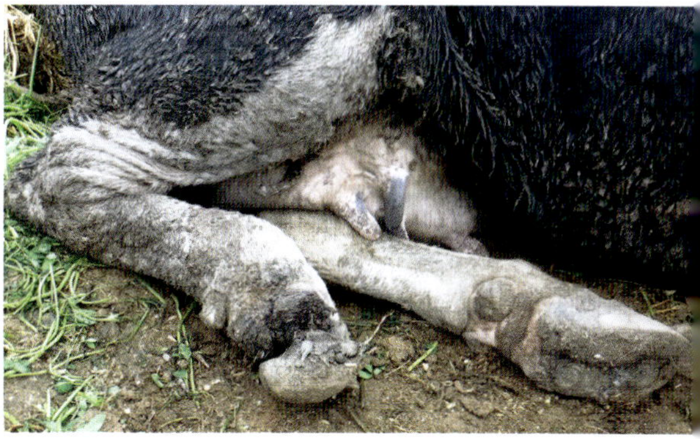

Die Klaue baumelt an der Strecksehne.

Eine der spektakulärsten Verletzungen, an die ich mich erinnern kann, erwies sich erst beim genauen Untersuchen als hochinteressant. Der Tierbesitzer rief mich einige Tage, nachdem er die Verletzung bemerkt hatte, an, weil die Kuh eine starke Schwellung und zunehmende Lahmheit zeigte: „... *de hot si in´ Klo a weng ozogn am Voadahaxn, oba bliatn tuat´s eh nimma* ...". Vor Ort angekommen berichtete er dann, dass er sogar vom Melkstand aus beobachtet hatte, daβ die Kuh mit der Klauenspitze des Vorderbeins in einem ausgebrochenen Schlitz des Spaltenbodens hängen geblieben sei und danach gelahmt hatte.

Obwohl er selbst in einem prähistorischen Durchtreibestand an den Klauen seiner Kühe leidenschaftlich herumwerkte, hatte er in den folgenden Tagen wegen der Heuernte keine Zeit gefunden, sich die Sache genauer anzusehen. Nachdem die Kuh dann auf 3 Beinen (sicherheitshalber) in meinen Klauenstand befördert und das verletzte Vorderbein aufgehoben worden war, nahmen wir das Malheur genauer unter die Lupe: Mit einem Wasserschlauch entfernte ich zuerst die Blut- und Mistkrusten, worauf sich ein tiefer Spalt auftat. Um der Kuh weitere Schmerzen zu ersparen, machte ich eine Stauungsanästhesie.

Der Verdacht auf ein teilweises Ausschuhen, den sowohl der Bauer als auch ich ursprünglich hatten, erwies sich in dem Moment als falsch, als ich den Spalt mit dem Finger abtastete. Die körpernahe Seite der Wunde erinnerte nirgends an die Oberfläche der Lederhaut und war in der Mitte völlig glatt. Der Steg, an dem der abgerissene Teil hing, war nur ein paar Zentimeter breit. Die Kuh hatte sich selbst im Klauengelenk amputiert. Nur die Strecksehne war nicht gerissen. Nachdem ich diese mit dem Skalpell durchtrennt hatte, war der Blick frei auf den Gelenksknorpel des Kronbeins, den ich gleich abkratzte (im Hinblick auf das Zuheilen notwendig).

Der Herr des Hauses war in der Zwischenzeit (mit leicht blasser Gesichtsfarbe) verschwunden. Die Bäuerin harrte tapfer aus: Desinfektion, Antibiotikum mit kurzer Wartezeit in die Vene, offene Wundbehandlung ...

Die Kuh ging danach fast lahmfrei zurück in den Stall (Lokalanästhesie-Wirkung?) und belastete auch am folgenden Tag das Vorderbein voll. Die Entscheidung der Besitzer fiel aber dann trotz guter Prognose in Richtung Schlachtung, was mir etwas leid tat, da mich der weitere Verlauf zugegebenermaβen sehr interessiert hätte.

Unklare Lahmheiten

Bisweilen kommt es vor, dass die Theorie „95 % aller Lahmheiten bei der Kuh haben ihre Ursache im Unterfuß“ nicht zutrifft oder scheinbar nicht zutrifft. Gerade bei relativ schweren Lahmheiten ist die Beobachtung des Tieres beim Gehen oft unergiebig oder unklar, was den Sitz der Lahmheit betrifft. So kann es durchaus vorkommen, dass eine Lahmheit mit der Ursache im Hüft- oder Kniegelenk ähnlich ausschaut wie ein Klauenproblem – und umgekehrt. Während aber durch die schlechte Zugänglichkeit der genannten Gelenke eine sichere Diagnosestellung häufig schwierig ist, ist die Untersuchung der Klauen leichter zu bewerkstelligen. So macht es sicher Sinn, zuerst die Klauen am lahmen Bein zu korrigieren und zumindest eine dünne Hornschicht abzutragen, um auch feine Farbveränderungen sichtbar zu machen. Dabei soll auf den anderen Fuß des Gliedmaßenpaares nicht vergessen werden! Die Wahrscheinlichkeit ist sehr groß (mehr als 80 %), dass die stärker belastete Klaue der Sitz der Lahmheit ist. Die Haut um die Klauen und im Zwischenklauenspalt sollte ebenfalls kontrolliert werden.

Ist nun bei diesem Ablauf absolut kein Hinweis (Farbe, Einrisse ...) zu finden, drückt man vorsichtig beide Klauen rundum mit einer Untersuchungszange ab (provisorisch kann man auch eine große Rohrzange o. Ä. verwenden) – und zwar so, dass das Horn minimal (1 mm) eingedellt wird. Dabei wird die Zange nur am Horn, nicht aber an der Haut angesetzt! Anfangs führt der Druck auf den Hornschuh bei den meisten Tieren zu einem leichten Zucken (Reflex/Überraschung), das beim Wiederholen aber verschwindet.

Wir wissen ja, dass einige Wochen vergehen, bis eine Hornschicht nach außen gewachsen ist. Daher ist es gut möglich, dass wir einen makellosen Hornschuh finden, an dessen Innenseite irgendwo ein schmerzhafter Prozess abläuft (Bluterguss ...). Der Hornschuh gibt aber praktisch nicht nach, daher kann der Druck nur nach innen „arbeiten“. Mit der Zange gelingt es dann häufig, den Schmerz zu lokalisieren.

Meine Vorgangsweise in solchen Fällen schaut so aus, dass ich die Sohle derjenigen Klaue, die auf die Zangenprobe mit deutlichem Schmerz reagiert, 2–3 mm niedriger schneide. Im Zweifelsfall die größere/höhere Klaue, da an dieser eher ein Problem zu vermuten ist. Durch diese Entlastung bessert sich das Gangbild meist sofort. Man richtet in keinem Fall Schaden an, wenn man sich an die Regeln der FKP hält.

„Zangenprobe“

Erkrankungen um die Klaue

Zwischenklauenwulst – Tylom (Limax)

Entzündung der Haut im Zwischenklauenspalt – (Klauen-)Fäule

Phlegmone – Entzündung im Zwischenklauenbereich

Mortellaro – Erdbeer-Krankheit – *Dermatitis digitalis* (DD)

Fußbäder

Bei verschiedensten Gelegenheiten fragen Bauern um Rat bei Klauenproblemen. Dabei taucht häufig der Ausdruck „Panaritium" auf, um das Problem zu beschreiben. Fast jeder versteht darunter aber etwas anderes, das mit Lahmheit und Schwellung um die Klauen einhergeht. Ein guter Grund also, um in diesem Buch auch auf die Erkrankungen in der näheren Umgebung der Klauen genauer einzugehen.

Nicht ohne Grund sollte als Abschluss der Klauenkorrektur immer die Haut im Zwischenklauenspalt und rund um die Klauen kontrolliert werden, denn in diesem Bereich findet man mit stark zunehmender Häufigkeit Erkrankungen.

Der Grund dafür liegt einerseits in den geänderten Haltungsbedingungen (Laufstall, Herdengrößen ...), andererseits in spezifischen Infektionen, die unter den genannten Verhältnissen optimale Verbreitungsbedingungen finden. Wie bereits erwähnt, birgt auch der Zukauf von Tieren immer ein gewisses Risiko, sich relativ aggressive Erreger einzuschleppen.

Da die Haut recht schmerzempfindlich ist, gehen solche Erkrankungen meist auch mit Lahmheit einher. Ohne Hochheben des Beins, Reinigung und gründliche Untersuchung kann aber in der Regel keine Diagnose gestellt werden – also „Panaritium" – „gschwoin is´ und hatschn tuat´s".

An Maul- und Klauenseuche braucht man glücklicherweise in Mitteleuropa momentan nicht zu denken.

Zwischenklauenwulst – Tylom (Limax)

Darunter versteht man eine Hautfalte unterschiedlichster Ausdehnung im Zwischenklauenspalt, die entweder zentral oder einseitig vorspringt. Es kann sich im Anfangsstadium um eine reine Hautfalte, später um einen derben und daumendicken Wulst handeln. Im Extremfall reicht die Zubildung bis zum Boden und schaut vorne wurstartig aus dem Zwischenklauenspalt hervor. Die Ursachen liegen in genetisch bedingter Bänderschwäche (sehr oft in Verbindung mit niedrigen Trachten, weicher Fessel und stark gewinkelten Sprunggelenken) oder fehlerhafter Klauenpflege (dachartige Beschneidung der Sohlenfläche, Entfernen des axialen Tragrands), wobei die Zuordnung im Einzelfall schwierig ist. Beides führt zu Spreizklauen und diese aufgrund der ständigen Reizung der Zwischenklauenhaut zur Ausbildung des Wulstes.

Im Anfangsstadium stellt die Veränderung einen reinen Schönheitsfehler dar und wird oft nur zufällig entdeckt. Bei vielen Kühen bleibt das glücklicherweise auch so. Da aber der Zwischenklauenwulst starken mechanischen und chemisch-bakteriellen Reizen unterliegt, ist er prädestiniert für Verletzungen und Infektionen, die dann auch mit Lahmheit einhergehen.

Meist ist es als „Behandlung" eines normalen Tyloms (glatte Oberfläche, hat im Zwischenklauenspalt ausreichend Platz) völlig ausreichend, wenn das Horn im Zwischenklauenspalt dünn

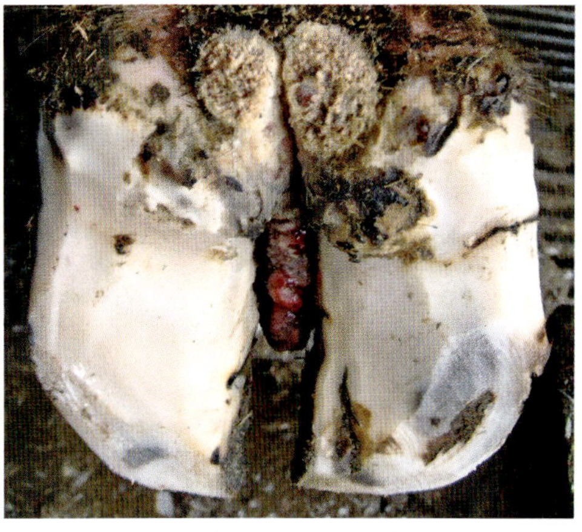

Mortellaro hat hier beste Bedingungen.

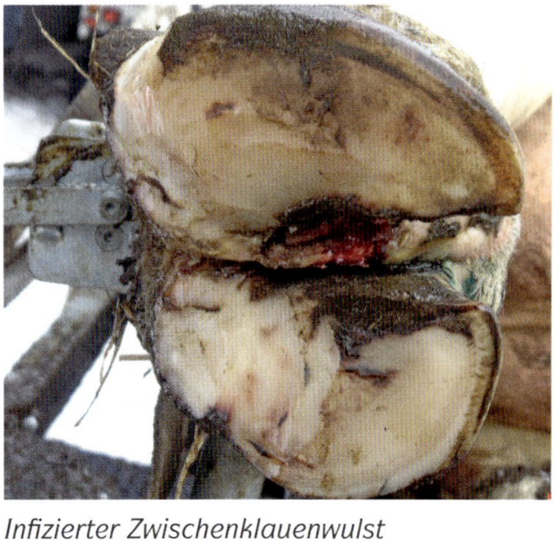

Infizierter Zwischenklauenwulst

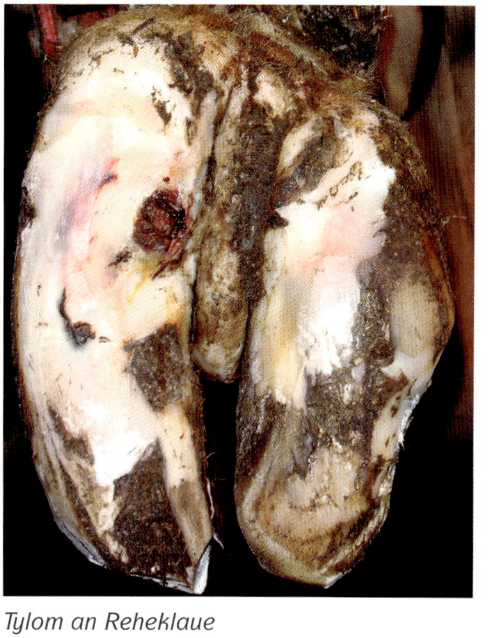

Tylom an Reheklaue

und glatt geschnitten wird (Vorsicht bei der Schnittführung!). Der Wulst bekommt dadurch Freiraum und wird von keinen Hornkanten gereizt. Zur Kontrolle verwendet man am besten einen nackten Finger.

Ist es bereits zu einer Infektion gekommen oder behindert die Größe der Zubildung die Kuh in der Bewegung, so ist eine Operation gerechtfertigt und sinnvoll. Diese muss wieder unbedingt unter Schmerzausschaltung durchgeführt werden. Also nicht vom Klauenpfleger mit dem Rinnmesser nach dem Motto: *„Aa, des haum ma glei …"*! Optimal eignen sich dafür Verfahren, die beim Schnitt zugleich die Blutung bekämpfen (Elektrochirurgie, Thermokauter). Nach dem Hautschnitt, der weit nach vorne gezogen wird, muss auch das Unterhautfett entfernt werden. Eventuell sind 1–3 Hautnähte zu setzen. Nach der Operation bekommen die Tiere für einige Tage einen Verband und auch Antibiotika. Leider bildet sich vielfach innerhalb eines Jahres erneut ein Wulst.

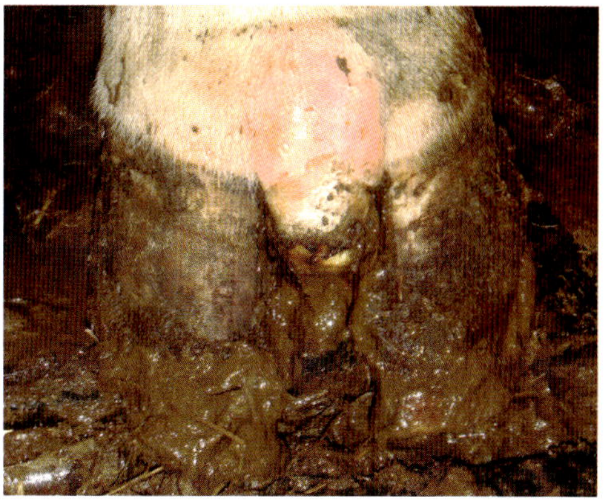

Infiziertes Tylom – Phlegmone

Entzündung der Haut im Zwischenklauenspalt – (Klauen-)Fäule

Hierbei handelt es sich um ein fortgeschrittenes Stadium der Ballenfäule. Diese hat auf den Zwischenklauenspalt übergegriffen und führt dort zur bakteriellen Entzündung der Haut. Die Krankheit ist einerseits mit stinkender Hautzersetzung, andererseits mit einer überschießenden Verhornung verbunden. Schuld sind wieder anaerobe Keime als Erreger, die hier unter Feuchtigkeit und Luftabschluss ihr Unwesen treiben. Je nachdem, wie tief die Haut zerstört wird, ist das Bild unterschiedlich. Im Extremfall wird sogar die Unterhaut sichtbar.

In leichten Fällen, in denen die zwar entzündete, aber intakte Haut von einem Schmierfilm bedeckt ist, reicht folgendes Vorgehen aus: FKP mit besonders gründlichem Freischneiden des Zwischenklauenspalts und Entfernen sämtlicher loser Hornteile, danach trockene Reinigung der Haut im Zwischenklauenspalt mit Ballennetz, Euterpapier oder einem Tuch. In schweren Fällen braucht man einen Antibiotika-Spray, der am besten in 2–3 Lagen aufgebracht wird.

Häufig in Kombination mit Mortellaro – jedenfalls ist was faul …

Zwischen den Sprühstößen macht man eine kurze Pause (30 Sek.). Durch diese Behandlung werden die Bakterien abgetötet und die Haut beruhigt sich innerhalb weniger Tage.

Zusätzlich sind alle Maßnahmen, die ich bei der Ballenfäule beschrieben habe, empfehlenswert, da es sich häufig um ein Problem des gesamten Bestandes handelt.

Phlegmone – Entzündung im Zwischenklauenbereich

Sobald Bakterien unter die Haut gelangen, greift die Entzündung rasch um sich. In der Entstehungsgeschichte der Erkrankung kann die Haut im Zuge der zuvor beschriebenen Entzündung „durchgefressen" werden. Als zweite Möglichkeit kommen Verletzungen in Frage, bei denen die Haut durchschnitten oder durchstochen wird. Bei Anwesenheit der entsprechenden Keime ist der weitere Verlauf gleich: Der gesamte Unterfuß schwillt oft innerhalb von Stunden stark an. Die Klauen werden regelrecht auseinandergedrückt und das Tier ist hochgradig lahm.

Häufig verläuft diese Erkrankung dramatisch mit hohem Fieber, Stop der Futteraufnahme und starkem Milchrückgang. Bakterien oder ihre Gifte sind bereits in der Blutbahn unterwegs und es ist „Feuer am Dach"!

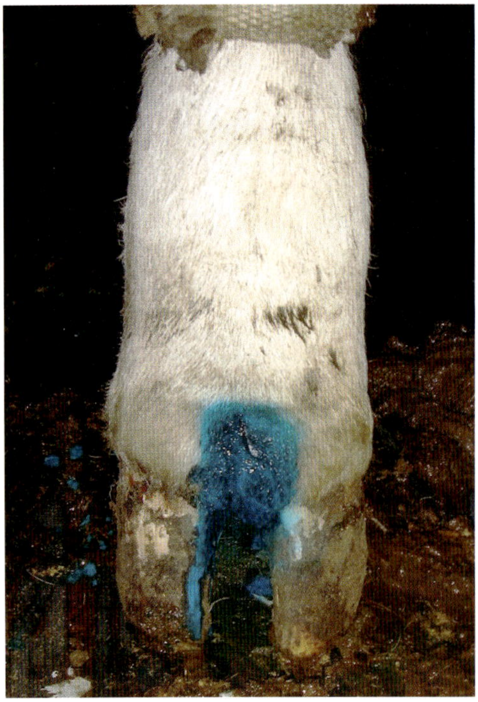

Hochgradige Schwellung

Es handelt sich um einen Notfall, der sofort durch einen Tierarzt zu behandeln ist! Im Milchbetrieb sind häufig Tiere um den Geburtstermin betroffen, was die Vermutung nahelegt, dass auch die allgemeine Abwehrkraft eine Rolle im Verlauf der Erkrankung spielen könnte.

Besonders im Weide- und Almbetrieb hat es oft den Anschein, als handelte es sich bei

An solchen Plätzen passiert häufig die Infektion

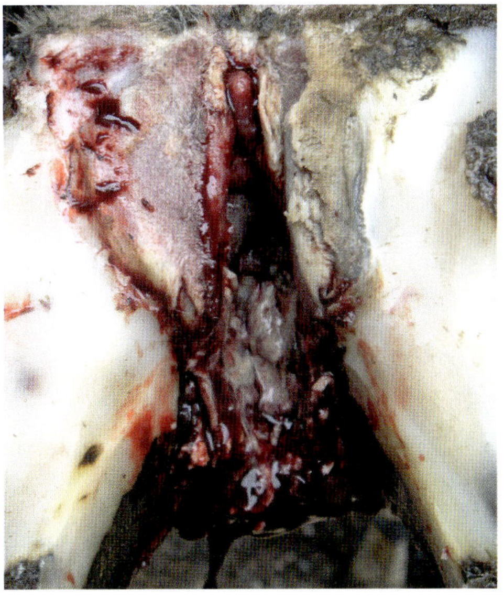

Hier eine Nekrose, die Entzündung reicht tief in den Zwischenklauenspalt.

Ablösung des Hornschuhs an der Außenklaue durch die Schwellung.

dieser Erkrankung um eine Seuche, da häufig mehrere Tiere zugleich oder in kurzer Folge an der Phlegmone erkranken. Die Erklärung für diese Häufung ist einfach: Die Rinder leben hier unter den gleichen Bedingungen und haben daher ähnliche Schwierigkeiten zu bewältigen. In feuchten Zeiten wird die Haut stark durchweicht, in trockenen Zeiten spröde und rissig. Durch Dornen und Steine kommt es zusätzlich zu kleinen Verletzungen. An Stellen, die häufig aufgesucht werden (Wasser, Futter, Salz ...), warten gewissermaßen schon die Bakterien auf ihre Gelegenheit zuzuschlagen.

Manche Weidegebiete kommen dadurch zu einem sehr schlechten Ruf – allerdings völlig zu Unrecht. Im Gegensatz zu den sporenbildenden Erregern (Rauschbrand) überleben die Verantwortlichen für die Phlegmone nämlich nur einige Wochen im Boden. Sie werden jedes Jahr aufs Neue im Dreck an und zwischen den Klauen mit auf die Weide gebracht und dort verteilt. Mit geeigneten Maßnahmen lassen sich die Erkrankungsraten fast auf Null reduzieren (siehe: Vorbeugemaßnahmen – „Biosecurity“, s. S. 134)

Werden die Tiere bei frischer Phlegmone unverzüglich über 2–3 Tage mit hochdosierten Antibiotika über die Blutbahn behandelt, so verschwinden die Krankheitserscheinungen rasch und ohne Folgen. Optimal ist dabei die Kombination mit einer lokalen Behandlung im Zwischenklauenspalt.

> Bei verschleppten Fällen (es reichen manchmal 2–3 Tage) sind die Bakterien bereits mehr oder weniger weit in die Tiefe vorgedrungen, haben Gewebe zerstört und in schlimmen Fällen auf Gelenke, Sehnenscheiden usw. übergegriffen.

Durch die Zerstörung von Blutgefäßen kann nun auch das beste Antibiotikum nicht mehr alle „Kriegsschauplätze“ erreichen. Es kommt mitunter zur Bildung von Abszessen, die nach und nach rundherum durch die Haut brechen. Zugsalben können diesen Vorgang beschleunigen, ebenso warme Wickel. Auch die chirurgische Entfernung der abgestorbenen Gewebe führt häufig zur Besserung der Lahmheit. In jedem Fall muss aber die Heilung von innen heraus geschehen und braucht Zeit. Wenn Gelenke oder Sehnen beschädigt sind, ist oft die Schlachtung – nach Ablauf der Wartezeit für die verwendeten Medikamente – die sinnvollste Lösung.

An den Klauen kommt es im Gefolge von Phlegmonen häufig zur Ablösung von Teilen des Hornschuhs, da die Lederhaut ebenfalls von der Schwellung des Unterfußes betroffen ist. Dieses lose Horn wird bei der nächsten Klauenpflege entfernt.

Mortellaro – Erdbeer-Krankheit – *Dermatitis digitalis* (DD)

Diese Infektionserkrankung hat sich in den letzten 10–20 Jahren zu einer der wirtschaftlich bedeutsamsten Infektionskrankheiten in der internationalen Milchwirtschaft entwickelt.

Sämtliche Details zu dieser Erkrankung finden Sie im TGD-Programm – ich möchte im Anschluss daran vor allem auf die Praxisaspekte eingehen.

Programm zur Bekämpfung und Kontrolle von *Dermatitis digitalis* (DD) des Rindes

(Synonyme: Mortellaro-Erkrankung – Erdbeerkrankheit)
(kundgemacht in den „Amtlichen Veterinärnachrichten" Nr. 8a/2004)

Präambel

Dermatitis digitalis (in weiterer Folge kurz: DD) verursacht vor allem in der österreichischen Milchproduktion große wirtschaftliche Schäden.

Das Programm zur Bekämpfung und Kontrolle von DD soll eine weitere Verbreitung der Erkrankung in gesunde Bestände verhindern sowie die wirtschaftlichen Verluste in bereits erkrankten Rinderherden bestmöglich reduzieren.

Allgemeines zu der vom Programm zu bekämpfenden Erkrankung

Beschreibung der Seuchenlage

Die nach derzeitigem Wissensstand durch Spirochäten der Gattung *Treponema* [ähnliche Erreger verursachen beim Menschen die Syphilis] verursachte Erkrankung wurde in den 1990er Jahren, vermutlich im Zuge von Rinderimporten, eingeschleppt, in Österreich erstmals diagnostiziert und beschrieben.

Seither kommt es durch den üblichen Viehverkehr zu einer bislang unkontrollierten Ausbreitung von DD.

Durch den Strukturwandel in den milchproduzierenden Rinderbetrieben (Umstellung auf Laufstallhaltung, steigende Herdengrößen) erhöht sich das Risiko einer Einschleppung der Erkrankung in derzeit DD-freie Betriebe ebenso wie durch die im Zuge sinkender Nutzungsdauer steigenden Remontierungsraten, die in der Regel nicht ausschließlich aus der eigenen Nachzucht rekrutiert werden können.

Daten über Inzidenz und Prävalenz (Verbreitung, Häufigkeit)

Es liegen derzeit nur Schätzungen vor, die auf regionalen Beobachtungen beruhen und stark differieren.

Eine Intervention zum jetzigen Zeitpunkt ist bestens geeignet, den Verbreitungsgrad gering zu halten, und wäre im internationalen Vergleich beispielgebend.

Epidemiologie

Die Verbreitung der Erreger erfolgt vor allem durch den Zukauf von klinisch und subklinisch/chronisch infizierten Tieren aus erkrankten Beständen, die in der Regel vor der Verbringung in den Bestand keinerlei Quarantänemaßnahmen durchlaufen; daneben ist eine Einschleppung über jeden Kontakt mit erregerhaltigem Material (Transportfahrzeuge, Werkzeug, Schuhwerk ...) möglich.

Nach einer Inkubationszeit von etwa 3–4 Wochen kommt es in Abhängigkeit von Faktoren (Feuchtigkeit, Luftabschluss, Kuhkomfort, Klauenpflege-Status ...) zum Ausbruch der Erkrankung, bei der bis zu 80 % der Herde betroffen sein können (vermutlich besteht bei 10–15 % der Tiere eine Art genetischer Resistenz).

Dabei kommt es beim Großteil der erkrankten Tiere zur Bildung von spezifischen Antikörpern (kurzzeitige Teilimmunität), jedoch kaum zu Spontanheilung.

Nach angemessener Behandlung und Abheilung erkranken bis zu 60 % der Tiere innerhalb von 7–15 Wochen neuerlich (chronisch rezidivierender Verlauf).

Unter Praxisbedingungen ist eine Tilgung der Infektion im Bestand nicht mehr möglich.

Krankheitserscheinungen

DD zeigt sich als Kombination aus geschwürigen und warzenartigen Hautveränderungen mit Entzündung.

Die Läsionen sind scharf begrenzt, schmerzhaft, oft mit wallartigem Rand, umgeben von schweineborstenartigen Haaren.

Betroffen ist vor allem die Beugeseite der Hinterbeine am Übergang von Haut zu Horn sowie der Zwischenklauenspalt. Die akute Erkrankung

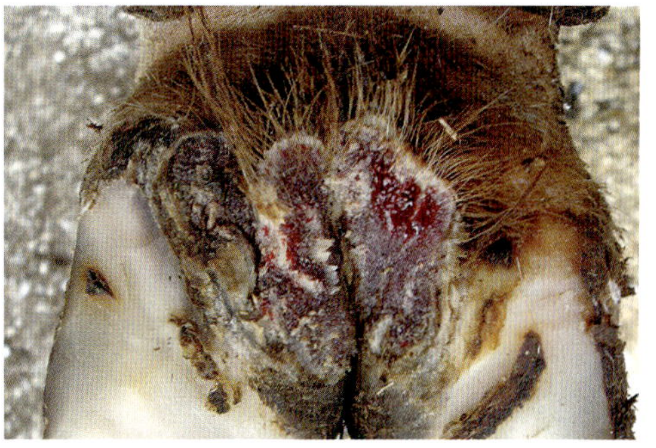

Scharf begrenzt, borstige Haare

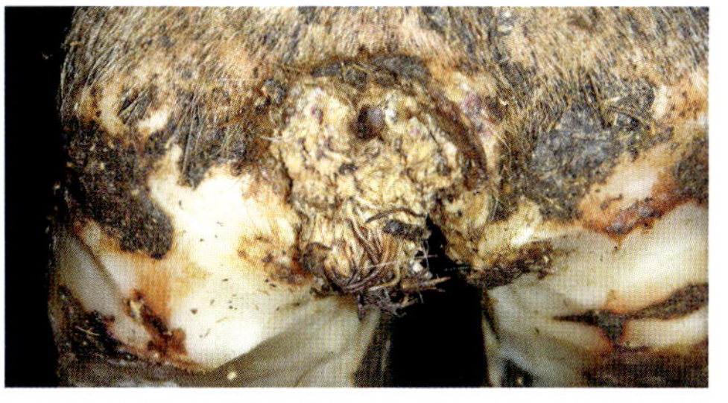

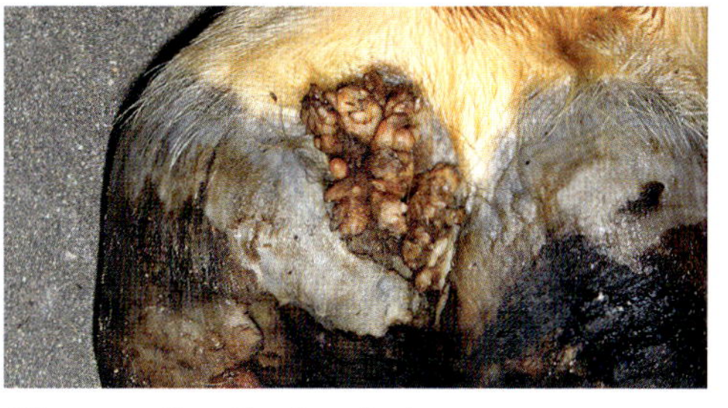

Warzenartige Hautveränderungen

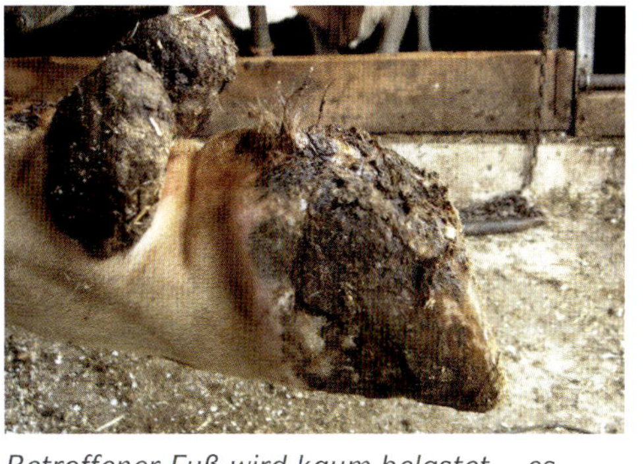

Betroffener Fuß wird kaum belastet – es kommt zum starken Anwachsen der Trachten.

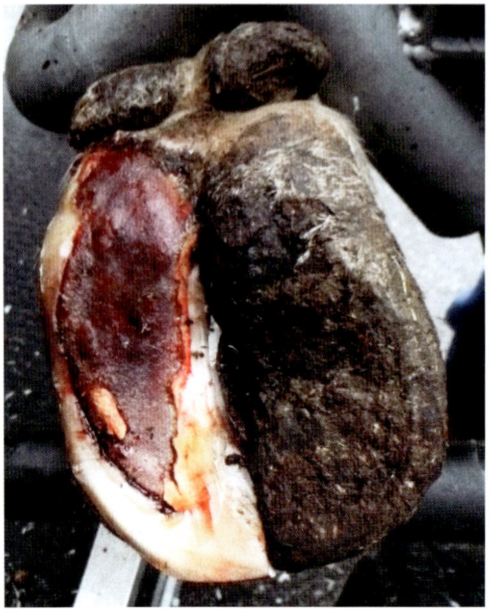

Mit DD infizierte Lederhaut unter Doppelsohle

Ausgehend vom Saumband-DD wächst Hornspalt nach unten

wird von einem typischen süßlich-käsigen Geruch begleitet.

In betroffenen Herden kommt es neben den klassischen Symptomen der DD überdies häufig zur Besiedlung der Klauenlederhaut im Bereich von den Hornschuh perforierenden Klauendefekten, was zu lang andauernden Lahmheiten mit schlechter Heilungstendenz führt.

Bei DD-bedingter Zerstörung der hornbildenden Schicht im Bereich des Kronsaums treten überdies komplizierte Hornspalten auf.

Wirtschaftliche Aspekte

Die Erkrankung ist mit erheblichem Schaden für den betroffenen Betrieb verbunden (siehe Modellrechnung DI Franz Hunger/LLWK OÖ) – international wird mit Werten von € 128 pro Kuh und Laktation gerechnet.

Eine Sanierung/Tilgung erscheint unter Praxisbedingungen unmöglich. Nach Einschleppung in den Bestand gilt es über die Optimierung von Faktoren die Rate akut erkrankter Tiere möglichst gering zu halten.

Die Einschleppung von DD in freie Bestände ist daher zu verhindern.

Die vorliegende Schätzung ist bewusst vorsichtig angesetzt, da die Annahme davon ausging, dass die erste Erkrankung erst am Tag 150 der Laktation eintritt – de facto liegt aber der Peak (Gipfel in der Erkrankungshäufigkeit) innerhalb der ersten 60 Laktationstage.

Unberücksichtigt blieben Einbußen aus dem Bereich Fruchtbarkeit, erhöhte Mastitishäufigkeit, verfrühter Abgang/erhöhte Remontierungsrate, erhöhter täglicher Arbeitsaufwand durch die Manipulation lahmer Kühe sowie sämtliche externe Arbeits- und Behandlungskosten.

Prof. Chuck Guard/Cornell University, NY beziffert die Kosten einer Lahmheit mit $140,-, die sich zusammensetzen aus $ 40,- für den Milchverlust plus $ 100,- für alle anderen Kosten (13th International Symposium & Conference Lameness in Ruminants 11–15/02/04 Maribor). Das bedeutet, dass die Zahlen für Milchverlust mit dem Faktor 2,5 zu multiplizieren sind, um zum Gesamtverlust zu kommen.

Umgelegt auf 590.000 österreichische Milchkühe, von denen – als Annahme – derzeit 10 % an DD erkrankt sein könnten, ergäbe dies einen jährlichen Schaden von rund 30 Millionen Euro.

Modellrechnung DI Franz Hunger/LLWK OÖ

Kalkulationsgrundlagen:

Anteil der befallenen Kühe (am Gesamtbestand)	60 %
Anteil der wieder erkrankten Tiere (am Gesamtbestand)	36 %
Milchleistungsabfall pro Erkrankung	3 kg
Durchschnittliche verbleibende Laktationsdauer nach Ersterkrankung	150 Tage
Durchschnittliche Laktationsdauer nach weiterer Erkrankung	90 Tage
Entgangener Erlös je kg Milch	0,33 €/kg
Durchschnittlich entgangene Milchmenge bei Ersterkrankung (je Kuh im Bestand)	270 kg
Durchschnittlich entgangene Milchmenge bei weiterer Erkrankung (je Kuh im Bestand)	97 kg
Durchschnittlicher Milchleistungsabfall (je Kuh im Bestand)	367 kg
Desinfektionsspray	14 €/Stk
Herdengröße	35 Kühe
Anzahl der Fälle (durchschnittlich 2 Klauen je Kuh)	202
Erlösentgang durch entgangenen Milchverkauf	€ 4.241,-
Behandlungskosten (Blauspray)	€ 141,-
Einkommensverlust pro Jahr	€ 4.382,-
Arbeitszeit bei 10 min./Fall	33,6 Stunden
Nutzungskosten für die Arbeit bei € 10/h	€ 336.-

Animal Welfare – Tierschutz

Neben der wirtschaftlichen Dimension erscheint der tierschützerische Aspekt der Erkrankung bedeutsam, da sie mit großen Schmerzen und Lahmheit verbunden ist.

Diagnostische Verfahren

Klinische Untersuchung

Nach Reinigung des Unterfußbereiches wird die Haut im Klauen- und Zwischenklauenbereich am angehobenen Bein auf Entzündungen und warzenartige Veränderungen untersucht.

Histopathologie (mikroskopische Untersuchung des erkrankten Gewebes)

Die höchste Trefferquote würde durch eine histopathologische Untersuchung erreicht, die aus Sicht der Praxis nicht in Erwägung gezogen werden kann.

Maßnahmen (Prophylaxe, Metaphylaxe, Therapie)

Allgemeines

Es gibt derzeit keine gesetzlichen Bestimmungen betreffend DD. Im Hinblick auf die wirtschaftliche und tierschützerische Bedeutung der Erkrankung ist die Einführung der Meldepflicht in Erwägung zu ziehen, auch um in betroffenen Betrieben eine verstärkte Kontrolle der Haltungsbedingungen und zielgerichtete Beratung zur Verringerung der Befallsrate durchführen zu können.

Die Aufnahme eines Passus betreffend DD in die Versteigerungsrichtlinien der Rinderzuchtverbände wird empfohlen, in denen der Verkäufer die DD-Freiheit des zum Verkauf angebotenen Tieres garantiert. Zudem sollte der Hinweis auf die Rechtslage gegeben werden, dass dem Käufer Anspruch auf vollen Schadenersatz zusteht,

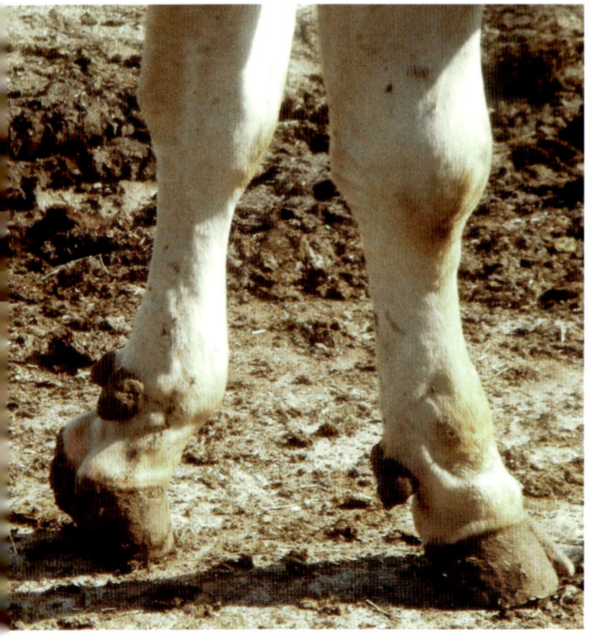

An den Vorderbeinen kommt es durch die Schmerzen oft zur Verkürzung der Beugesehne.

falls dem Verkäufer die DD-Infektion im Bestand bekannt war und der Käufer nicht darauf hingewiesen wurde.

> Geeignete Ansatzpunkte zur Bekämpfung der Erkrankung sind jedenfalls die Kontrolle des Tierverkehrs einerseits sowie die Aufklärung/Ausbildung von betroffenen Personengruppen (Tierärzte, Klauenpfleger, Landwirte) andererseits.

Unter österreichischen Verhältnissen erscheint die Kontrolle bei der Anlieferung von Zucht- und Milchrindern zu Märkten und Versteigerungen sinnvoll und erfolgversprechend – prinzipiell sollten die Maßnahmen jedoch an allen in Verkehr gebrachten Tieren durchgeführt werden. Das die Untersuchungen durchführende Fachpersonal ist einer einheitlichen Schulung zu unterziehen, die Durchführung der Untersuchung ist zu überwachen.

Nach Reinigung des Unterfußbereiches soll die Haut im Klauen- und Zwischenklauenbereich am angehobenen Bein untersucht und die Tiere in der Folge in Gruppen „DD verdächtig" und „DD unverdächtig" separiert werden. Jeder weitere Kontakt unter diesen Tiergruppen ist zu verhindern (Geräte, Stallpersonal) und die Verkaufsabwicklung ist – mit Hinweis auf den Status hinsichtlich DD in der Abfolge „DD unverdächtig" und „DD verdächtig" – vorzunehmen.

Der Status „DD verdächtig" ist in den Begleitpapieren zu vermerken.

Transportfahrzeuge sind nach der Beförderung von „DD verdächtigen" Tieren zu reinigen und geeigneten Desinfektionsmaßnahmen zu unterziehen.

Die Adaptierung der Versteigerungsorte an die o. g. Bedingungen (Waschplatz, einfache Klauenstände zum Anheben der Beine – Kosten dzt. ca. 3.000,- Euro pro Gerät – transportabel, daher an mehreren Versteigerungsorten verwendbar), der höhere Aufwand an Fach- und Hilfspersonal sowie der Zeitbedarf für die Untersuchung der angelieferten Tiere erscheinen in jedem Fall gerechtfertigt.

Prophylaxe für DD-freie Bestände

Für sämtliche Tiere die in DD-freie Bestände verbracht werden, wird eine 4-wöchige Quarantäne empfohlen, während der die Unterfüße mehrfach gereinigt und danach auf Veränderungen untersucht werden sollen. Nach einem Fußbad mit DD-wirksamen Zusätzen und einer Verweildauer von 20–60 Sekunden in der Lösung sind die Tiere für 1 Stunde auf reinen und trockenen Untergrund zu stellen.

Kommt es während der Quarantäne zur Ausbildung von DD-Symptomen und wird die Erkrankung von einem geschulten Organ diagnostiziert, so ist der Verkäufer rechtlich zur Rücknahme des betreffenden Tieres verpflichtet.

Weiters sollten für alle anderen potentiellen Übertragungsmöglichkeiten (Schuhwerk, Werkzeug von betriebsfremden Personen usw.) geeignete Vorsichtsmaßnahmen getroffen werden.

Maßnahmen in DD-Betrieben

Von zentraler Bedeutung in DD-Betrieben ist die Erreichung einer möglichst niedrigen Rate von akut erkrankten Tieren (10–15 %) durch:

Reduktion von Stressfaktoren – Prophylaxe

Da es sich bei DD um eine Infektion mit Anaerobiern handelt – diese Tatsache muss den Betriebsführern bewusst gemacht werden –, sind folgende Maßnahmen zu treffen:

- Optimierung von Stallhygiene und Luftqualität
- Optimierung Kuhkomfort
- 2 x wöchentlich gründliche Reinigung von den Afterklauen abwärts
- Funktionelle Klauenpflege im Abstand von 4–6 Monaten (Auswurf, Ballenfäule, Trachtenhöhe ...)
- Eventuell zur Unterstützung lokale Desinfektion Haut/Klauen mit geeigneten Präparaten – Fußbäder

Therapie akut erkrankter Tiere

Akut erkrankte Tiere sind aus Gründen der Infektionsdynamik, Wirtschaftlichkeit und Tierschutz rasch und konsequent an 2–3 aufeinanderfolgenden Tagen einmal täglich wie folgt zu behandeln:

- betroffene Stellen gründlich reinigen
- trocknen (Fön)
- 2–3 x im Abstand von 30 Sek. mit Antibiotika-Spray besprühen

Flankierende Maßnahmen

Verpflichtende Fortbildungsveranstaltungen für rinderhaltende Landwirte und diese Bestände betreuende Tierärzte sind von den Tiergesundheitsdiensten der Bundesländer zu organisieren.

Als DD-Aufklärung wird ein Fachvortrag im Umfang von 2 Stunden als ausreichend erachtet.

Ergänzend zur DD-Aufklärung ist dem Themenbereich Klauengesundheit seitens der Tiergesundheitsdienste und Landwirtschaftskammern vermehrte Aktivität zu widmen.

Als geeignetes Ausbildungsschema wird ein 2-tägiger Basiskurs mit Praxisteil zur Information über die Faktoren der Klauengesundheit vorgeschlagen. Darauf aufbauend soll die Möglichkeit bestehen, in einem 5-tägigen Praxislehrgang die nötigen Fertigkeiten zum Klauenschnitt in der eigenen Herde zu erlernen.

Zertifikat „DD-freier Bestand“

Zur Erreichung bzw. Erhaltung des Status „DD-freier Bestand“ ist eine halbjährliche Begutachtung der Herde durch geschulte Organe (Schulungsmodus sowie Personengruppen werden zu einem späteren Zeitpunkt festgelegt) sowie die Einhaltung der o. g. Quarantänemaßnahmen bzw. Zukäufe ausschließlich aus DD-freien Beständen Voraussetzung. Die Kombination mit einem Programm/Zertifikat für Klauengesundheit wäre fachlich sinnvoll und empfehlenswert.

Arzneimittel

Zur lokalen Behandlung akut an DD erkrankter Tiere stehen verschiedene zugelassene Antibiotikasprays zur Verfügung, die im Rahmen der geltenden Vorschriften abgegeben und vom Tierhalter verwendet werden können.

Wirksame Arzneimittel für Fußbadelösungen sind in Österreich nicht zugelassen. In Verwendung sind Fußbadelösungen aus dem Bereich Tierpflegemittel, über die in diesem Rahmen keine Angaben gemacht werden können.

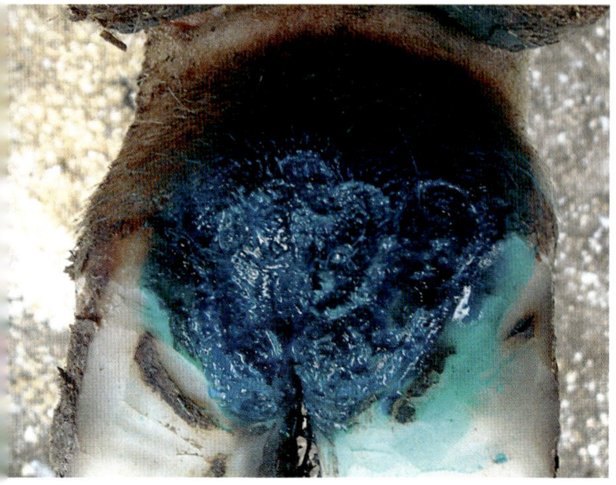

Klauenpflegerisch saniert und mit Antibiotika-Spray versorgt

Nach wie vor sehe ich im Umgang mit DD zwei Schwerpunkte:

1) Wie halte ich einen DD-freien Bestand gesund?
2) Wie minimiere ich den Schaden im DD-Bestand?

1) DD-freier Bestand

Meine persönliche Erfahrung seit dem Auftauchen dieser Erkrankung ist, dass in nahezu allen Fällen die Infektion durch den Zukauf eines Tieres in die Herde eingeschleppt wurde. Theoretisch sind auch andere Übertragungsarten möglich (siehe 6. Vorbeugemaßnahmen). Zukauf also nur, wenn nötig, und nur aus DD-freien Herden.

In der Praxis passierten in einigen Fällen trotzdem Neuinfektionen: Das Zukaufstier aus Bestand A (DD-frei?) wurde von Nachbarn/Viehhändler zur Auktion transportiert, dort gemeinsam mit anderen Tieren aufgestallt und versteigert, gekauft und von Nachbarn/Viehhändler in den DD-freien Bestand B gebracht und dort sofort zur Herde gegeben. Einige Monate verliefen unauffällig, dann zeigte das Zukaufstier bei der Klauenpflege eindeutige DD-Symptome – wenige Wochen später explodierte die Infektion in der Herde. Zu diesem Zeitpunkt konnte nicht mehr bewiesen werden, woher das Tier die Infektion hatte (Verkäufer, Transport 1, Auktion, Transport 2, Käufer) und somit wären sämtliche rechtlichen Schritte chancenlos. Klarheit – wenn auch mit einem kleinen Unsicherheitsfaktor – hätte eine Untersuchung bei der Versteigerung oder vor dem Einbringen in den neuen Bestand gebracht (von der Ansteckung bis zum Ausbrechen der Krankheit = Inkubationszeit mindestens 4 Wochen). Die relativ lange Zeitspanne vom Zukauf bis zum Ausbrechen der DD im konkreten Bestand erklärt sich aus dem Umstand, dass DD eine so genannte Faktorenerkrankung ist. Der Erreger braucht günstige Bedingungen, die sich z. B. erst durch einen Futterwechsel ergeben.

2) DD-Bestand

Die Schlüsselinformation für Tierbesitzer/Herdenmanager ist, dass die DD-Erreger Anaerobier sind – also nur unter Luftabschluss gute Bedingungen finden. Gelingt es, die Füße bis zu den Afterklauen trocken und sauber zu halten, so werden sich die Schäden in Grenzen halten – auch mit sehr geringem Einsatz von Chemie.

Wie die Reinigung betriebsspezifisch am besten durchführbar ist, muss man sich vor Ort überlegen. Im Melkstand – obwohl sich dieser Platz aufgrund der Wasserversorgung und der Arbeitsposition anbieten würde – sollten die Füße nicht gewaschen werden, da die Kühe dann Probleme beim Eintreiben machen und sich fürchten, außerdem die Euterhygiene durch den Sprühnebel leidet. Besser wäre es, die Kühe am Fressplatz zu fixieren und dort zu waschen, dabei sollten Kalbinnen und trockenstehende Kühe nicht vergessen werden.

Nun noch ein paar Worte zu Klauendefekten mit Mortellaro-Komplikationen: Normalerweise kommen diese Erreger nicht auf die Klauenlederhaut. Sobald es aber irgendeinen Klauendefekt gibt, der bis auf die Lederhaut durchgeht, haben die Keime dort optimale Bedingungen und kommen mit dem eingetretenen Dreck auch sofort hin. Dann beginnt meist eine lange Leidensgeschichte: Ausgehend vom Loch im Hornschuh unterminiert die Infektion auch das benachbarte Horn und frisst Gänge und Löcher. Dieser Prozess ist für die Kuh sehr schmerzhaft. Dramatisch wird die Situation, wenn die Bakterien die Saumlederhaut befallen. Das passiert häufig, wenn ein Wanddefekt nach oben durchbricht bzw. bei Verletzungen. Es entsteht ein Hornspalt, der mit Dreck und Keimen gefüllt ist und manchmal bis an den Tragrand geht.

Fußwasch-Anlage im Warteraum

Für die Abheilung ist es notwendig, alle Verstecke radikal freizulegen, zu reinigen und anschließend mit 3 Lagen Antibiotikaspray zu besprühen (oder mit nicht-antibiotischen Zubereitungen zu bepinseln bzw. mit einem Antibiotika-Verband).

Reinigung und Spraybehandlung sind zumindest in den 2–3 folgenden Tagen zu wiederholen, damit die Keime abgetötet werden. Gelingt das nicht, so schließt sich das Loch im Hornschuh nicht und der Fraß greift weiter um sich. In solchen Fällen sollte der Vorgang in zweiwöchigen Abständen wiederholt werden, bis eine feine Hornschicht die gesamte Lederhaut in diesem Bereich überdeckt. Trotz aller Bemühungen gelingt es manchmal nicht, derartige Erkrankungen zur Abheilung zu bringen, und besonders der Bereich der Klauenspitze ist schwer zu kurieren

Die logische Konsequenz für Herden mit DD muss daher auch optimales Klauenpflege-Management sein, um die geschilderten Komplikationen an der Klauenlederhaut zu verhindern. Für die Bekämpfungsstrategie insgesamt geht es vor allem darum, die Karten richtig zu verteilen: Den anaeroben Bakterien die schlechten (Dreck weg – Luft hin!), der Kuh die guten (Klauenpflege, Kuhkomfort, Fütterung ...). Nur so kann die Kuh – und damit auch der Bauer – den Sieg davontragen!

In Zeiten der genomischen Zuchtwerte wäre es aus meiner Sicht jedenfalls höchst an der Zeit der Resistenz gegen DD wissenschaftlich nachzugehen (Mutter und Tochter erkranken in infizierten Beständen nicht an DD – Lokalisierung am Genom – Erforschung des Erbgangs und Selektion auf Resistenz ...) und dieses Wissen züchterisch (DD hinauszüchten) und kommerziell (Samen von Resistenz-Vererbern) zu verwerten.

Alle anderen Maßnahmen sind nur Kratzer an der Oberfläche eines weltweiten Problems, die am Einzeltier und im Bestand zwar vorübergehende Erfolge bringen können, die Wurzel des Übels aber nie erreichen.

Fußbäder

Fußbäder sind in internationalen Diskussionsforen im Internet ein Dauerbrenner.

Sie werden zur Bekämpfung von (Ballen-) Fäule, Zwischenklauenproblemen und vor allem DD häufig empfohlen. Natürlich machen auch die Hersteller von Produkten für Klauenbäder recht eindrucksvolle Werbebroschüren und Inserate in Fachzeitschriften. Angesichts einer mittlerweile beachtlichen Zahl von Substanzen und Präparaten ist es da schon schwierig, eine Auswahl zu treffen.

Für jede Badebehandlung der Unterfüße sind ein paar Voraussetzungen notwendig. Zuerst braucht man einen passenden Gang, in dem die Wannen eingebaut werden können. Beide Becken müssen etwa 10–15 cm tief und mindestens 2,5 m lang sein, sodass die Kühe mit allen 4 Beinen hineinsteigen müssen und die Klauen bzw. die Haut um die Klauen tief genug eintauchen. Zwischen den Becken sollten ein paar Meter Platz sein, dahinter ein befestigter Platz zum Trocknen.

Das erste Becken – so lang wie möglich – wird mit Wasser gefüllt. Hier sollen die Klauen gereinigt werden. Damit die Reinigung wirklich stattfindet, muss das Wasser laufend gewechselt werden. Das Aufbringen von verschiedensten Mitteln auf den Dreck bringt nämlich nur wenig bis gar keinen Effekt!

Plastikwannen sind nur eine Notlösung.

In das zweite Becken kann dann die Lösung mit dem Wirkstoff kommen, der danach auch einwirken soll, bevor die Kühe zurück in den Laufstall gehen.

Als Wirkstoffe kommen im Klauenbad folgende Substanzen zum Einsatz:

- Formalin (5 %) härtet die Klauen und desinfiziert. Die Wirkung hängt von der Temperatur (unter 10 °C keine Wirkung) und vom Reinigungsgrad ab. Bei höherer Konzentration kommt es zu Verätzungen (Zitzen). Formalin kann in die Gülle entsorgt werden. Der große Nachteil ist allerdings, dass es krebserregend wirkt! Daher besteht bei der Anwendung vor dem Melkstand Gefahr für die Gesundheit des Melkpersonals.
- Kupfersulfat, Zinksulfat (2,5 %) härtet das Horn, desinfiziert. Muss aber als Sonderabfall entsorgt werden.
- Antibiotika: Werden im Ausland eingesetzt, sind bei uns aufgrund von Wartezeit-Regelung nicht erlaubt; Resistenzentwicklung bei Bakterien, daher sehr problematisch!
- Mischungen mit verschiedenen Säuren plus Kupfer-, Zink-, Aluminiumverbindungen, Alkohole usw. Schaum mit Peressigsäure: Jeder Hersteller schwört auf seine spezielle Zusammensetzung. Meist fehlen aber wissenschaftlich korrekte Untersuchungen über die Wirksamkeit des Produkts.

Sollte man sich für den Einsatz von Klauenbädern entscheiden, so sind diese nach 100 durchgetriebenen Tieren unbedingt zu wechseln. Die Kühe dürfen unter keinen Um-

Diese Fußbäder sind sinnvoll.

ständen aus den Desinfektionsbecken saufen, da es sonst zu schweren gesundheitlichen Problemen kommt.

> Empfehlenswert ist der Einsatz des Desinfektionsbads bei zwei Melkzeiten pro Woche, an den anderen Tagen wird nur mit Wasser gereinigt.

Aus meiner Erfahrung der letzten Jahre bevorzuge ich mittlerweile das regelmäßige Treiben durch lange Wasserbecken, die mit etwas Kreativität fast überall machbar sind. Wir haben in großen Beständen v. a. in Osteuropa schöne Erfolge mit langen Fußbädern, durch die alle Kühe jeweils am Weg zum und vom Melken gehen. Die Wannen werden vor jeder Melkzeit mit frischem Wasser gefüllt, nach dem Durchtreiben entleert und gereinigt. Die Kühe gehen problemlos durch die Wannen und genießen vor allem im Sommer den Kühleffekt.

Im Winter, wenn aufgrund der Eisbildung nicht mit den Wannen gearbeitet werden kann, kommt es zum sprunghaften Anstieg der Lahmheitsraten durch DD und Zwischenklauen-Infektionen. Nur wenn die Lahmheitsraten ansteigen und bei der Klauenpflege ein Hinweis auf bakterielle Ursachen erkannt wird, kommen Kupfersulfat (Winter) bw. Formalin (Sommer) bei 2 Melkzeiten pro Woche für 2–3 Wochen zum Einsatz.

Abschließend erwähnen möchte ich noch alkalische Kalkpulver (als Staubbad, gemischt mit Strohhäcksel in die Liegebox), mit denen zusätzlich zur Reinigung manchmal gute Effekte erzielt werden können. Der hohe pH-Wert wirkt offenbar keimhemmend.

Die Kühe lieben das Bad – vor allem im Sommer

Vorderfuß-Lahmheiten

Bei korrekter baulicher Ausführung des Fressplatzes und gutem Futtertisch-Management liegen die Lahmheitsraten an den Vorderbeinen im Bereich von 10 % oder darunter – vorausgesetzt es gibt ausreichend Fressplätze.

Lahmen mehr Kühe vorne – meistens sind es Sohlengeschwüre und/oder Wanddefekte an den Innenklauen, so ist es sinnvoll, die Situation am Fressplatz genauer unter die Lupe zu nehmen.

Vor allem zwischen den Futterzeiten sollten sich die Kühe nicht ins Fressgitter „lümmeln" müssen, um Futter zu erreichen, bzw. sollte das Gitter am Buggelenk der Kuh so weit vorne liegen (schwenken und oben Distanzstücke einsetzen), dass die Kuh mit dem Gelenk nicht mehr dagegen drücken kann – dadurch wird die Drehbewegung auf die vorderen Innenklauen verhindert. Parallel dazu muss das Futter häufiger nachgeschoben bzw. frisch eingefüttert werden.

Eine andere irreguläre Wuchsform – überhöhte Trachten (mehr als 60 % der Vorderwandlänge) – an den vorderen Klauen findet man, wenn

Fressstände (feedstalls) mit Fütterungsroboter bieten eine sehr gute Situation beim Fressen.

Kühe mit schräg unter den Körper gestellten Vorderbeinen fressen (müssen). Häufig bedingt das eine Kombination aus „Antritt“ und zu niedrigem Begrenzungsrohr in Richtung Futtertisch – zusätzlich findet man häufig haarlose Stellen und Verdickungen im oberen Halsbereich, die Kühe stehen beim Fressen oft schräg zum Barren. Beim Gehen fußen die Vorderbeine nicht plan, sondern zuerst mit den Trachten auf und klappen dann auf die Spitzen nieder. Die Klauenspitzen werden stark abgerieben und manchmal gibt es ausgeprägte Ballenfäule (und DD). Der erste Verbesserungsversuch sollte darin bestehen, das Begrenzungsrohr nach oben und/ oder vorne zu versetzen – erfahrungsgemäß sind die Bedenken, dass dann die Kühe am Futtertisch stehen, unbegründet.

Typische gekreuzte Vorderbeine bei einem Defekt an den Innenklauen

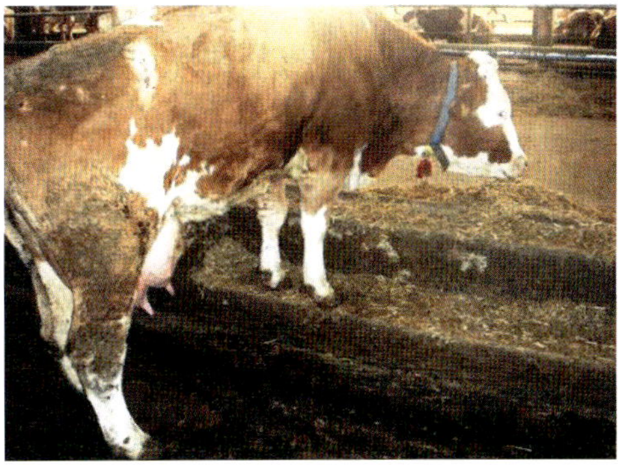

„Russische Fressplatzgestaltung“

Unbequeme Fresssituation

Mutterkühe

In dieser extensiven Nutzungsrichtung sind die Problemstellungen etwas anders als bei Milchkühen. Der nahe Kontakt und die tägliche Berührung durch Menschen ist den Tieren nicht mehr vertraut, die Absonderung eines Einzeltieres verursacht Stress und damit Flucht- und Abwehrreaktionen, die leicht zu Unfällen führen können. Um den Ablauf von Klauenpflegemaßnahmen flüssig und verletzungsarm zu gestalten, empfehle ich den Einsatz von Treibgängen/hohen Treibgittern für einen geschlossenen Zutrieb zum Klauenstand. Im Einzelfall kann auch ein Lasso gute Dienste leisten, wenn man richtig damit umgehen kann.

Abhängig von der Haltungsform machen abrupte Futterwechsel und der Bodenwechsel von der Weide in den Stall im Herbst die meisten Lahmheitsprobleme. Bei der Klauenpflege nach der Weidesaison finden sich vor allem Hornknollen (und Fremdkörper) an der Sohle, die am Betonboden nach ca. 1–2 Monaten zu Lahmheiten führen. Wenn die Herde – aus Kostengründen – nicht schon routinemäßig gepflegt wird, so sollten doch die lahmenden Kühe unverzüglich behandelt werden.

Die mit der Herde laufenden Stiere sind hinsichtlich der Klauen am meisten belastet und brauchen regelmäßige Pflege, um die Trächtigkeitsresultate zu sichern. Lahmheit bedeutet zumeist keinen Deckakt und damit keine Kälber zur rechten Zeit … Fleischrassen-Stiere – besonders wenn sie passende Kälber zeugen und einen frommen Charakter haben – sind wertvolles Kapital und sollten lange Zeit im Einsatz bleiben. Bei Stieren liegen die Klauenprobleme zusätzlich zu den normalen häufig an den Spitzen der hinteren Innenklauen (Deckakt) und an den Wänden der vorderen Außenklauen (Bewegungsmuster beim Gehen). Häufig scheitert aber die Sanierung der Defekte daran, dass sich der Stier nicht in den Stand treiben lässt – vor allem ohne Nasenring und mit unangenehmen

Erinnerungen an die letzte derartige Prozedur. Dass Klauenstände und Gerätschaften bei einer Tonne und mehr an die Grenzen der Belastbarkeit kommen, sollte man dabei immer im Hinterkopf parat haben. In Einzelfällen kommt man aber manchmal mit primitiven Notmaßnahmen auch zu akzeptablen Resultaten – und Anekdoten.

Ich möchte aber dringend empfehlen, bei Mutterkühen jederzeit mit einem Angriff des Tieres zu rechnen – auch noch nach der Klauenpflege bei geöffneter Fangeinrichtung!

Mutterkühe erfordern angepasste Maßnahmen

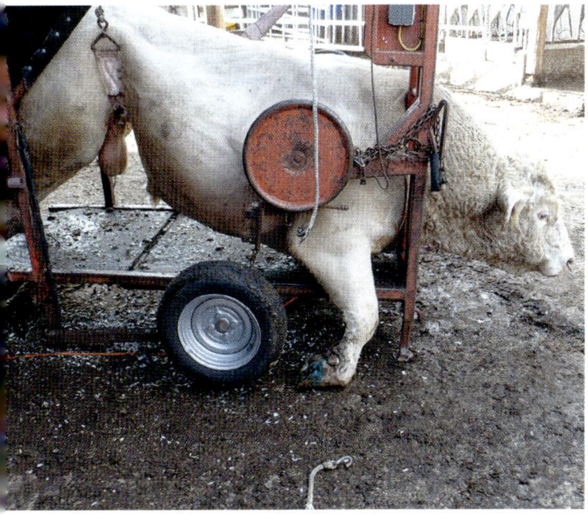

Das Material ist bei älteren Stieren am Limit.

Hohe Treibgitter verhindern böse Überraschungen.

Kühe in der ersten Laktation

Die Langlebigkeit von Milchkühen ist ein wesentlicher Faktor in ihrer Wirtschaftlichkeit – dabei spielt die Klauengesundheit eine bedeutende Rolle. Kühe, die sich gerne bewegen, zeigen zumeist in anderen relevanten Bereichen (TM-Aufnahme, Brunstverhalten, Eutergesundheit ...) gute Ergebnisse. Beste Genetik kann nur dann wirken, wenn die Rahmenbedingungen auch stimmen.

Um klauengesunde Jungkühe zu produzieren, ist gute Klauenpflege zum richtigen Zeitpunkt essentiell.

Kalbinnen sollten bei der Besamung zum ersten Mal einer Beurteilung der Fußstellung unterzogen werden – dabei genügt ein schneller Blick auf den Winkel zwischen den Zwischenklauenspalten der Hinterbeine (Foot-Score). Stehen die Füße nicht parallel, ist eine Anpassung der Außenklauen an die Höhe der Innenklauen notwendig, um das Knochenwachstum hinsichtlich der Fußachse zu optimieren. Diese kurze Maßnahme wird sich lebenslänglich positiv auf die Belastungsverhältnisse und damit auf die Gesundheit des Tieres auswirken.

Analog zum Trockenstellzeitpunkt bei Kühen braucht jede Kalbin eine Pediküre, um sicher zu stellen, dass das erste Laktationsdrittel mit perfekter Fußgesundheit abläuft. Jede Lahmheit in diesem Zeitraum, ja sogar jede eingeschränkte Bewegung aufgrund von unangenehmen Belastungverhältnissen an den Klauen führt zu Gesundheitsproblemen und wirtschaftlichen Verlusten.

Während ältere Kühe mit dem System Stall und Herde bereits vertraut sind und umzugehen gelernt haben, gibt es bei Erstlaktierenden häufig Schwierigkeiten und stressbedingte Erkrankungen (z. B. Zwischenzehenphlegmone, Coli-Mastitis, Endometritis ...), die auf eine Überforderung des Tieres hinweisen. In diesem Zusammenhang sind auch neuere amerikanische Untersuchungen zum Fressverhalten von Jungkühen interessant: Während ältere Tiere seltener und größere Mengen fressen, gehen Erstlaktierende sehr oft zum Futtertisch, nehmen dabei aber nur wenig Futter auf. Das erklärt leicht den raschen Gewichtsverlust bei jungen Tieren beim Auftreten von Lahmheiten.

Auch das „Schenkelekzem" – eine Hautentzündung an der Innenseite der Hinterbeine und/oder an der Außenseite des Euters – macht Erstlaktierenden häufig große Probleme. Das Euterödem nach der Abkalbung ist kaum zu beeinflussen, sehr wohl aber die kuhhessige (in Norddeutschland „hackenenge") Stellung der Hinterbeine. Ursache dafür ist die hohe Außenklaue. Bei parallel stehenden Hinterbeinen verringert sich die Reibung zwischen den Hautpartien und damit auch die Häufigkeit des Problems.

Die Resultate der Pediküre vor der ersten Abkalbung sollten schließlich interpretiert und zur Verbesserung der Aufzuchtbedingungen genutzt werden (z. B. hohe Rate an Rollklauen an den hinteren Außenklauen ist häufig bedingt durch Rachitis im Wachstum)

Eine gute und systematische Zusammenarbeit zwischen Herdenmanager und Klauenpfleger kann und sollte gewährleisten, dass die erste Laktation einer Kuh ihrer Genetik gerecht wird. Alle folgenden Laktationen können nur so zu einer guten Lebensleistung und einem wirtschaftlichen Betriebserfolg führen.

Abmagerung

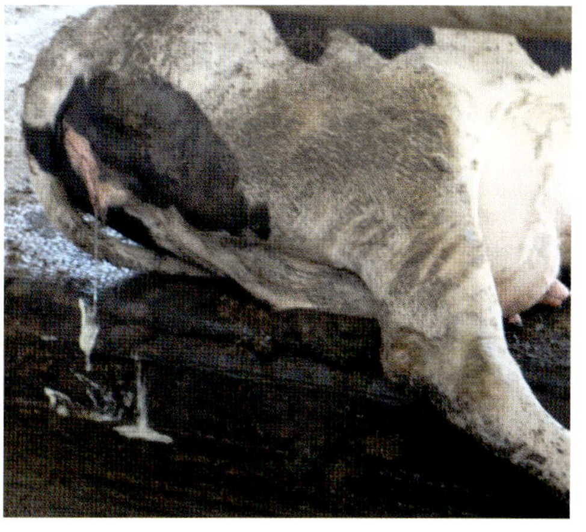

Endometritis

Rachitis am Fesselgelenk bei Jungtier

Vorbeugemaßnahmen – „Bio-Security"

In den vorhergehenden Abschnitten ging es um eine Reihe von Krankheiten, die durch Bakterien bedingt sind. In jedem Kuhstall gibt es davon eine ganze Menge. Die meisten sind harmlose Umwelt- oder Darmkeime, nur wenige führen unter bestimmten Bedingungen zu Erkrankungen. Der Stall ist in seiner Gesamtheit ein System. Die Tiere „kennen" die Keime im Stall, haben dagegen Abwehrstoffe und Abwehrzellen entwickelt und geben diesen Schutz auch an ihre Nachkommen weiter. Wenn dieses „System Stall" gut funktioniert, sollte so eine gesundheitliche Störung verhindert werden.

Möglichkeiten für eine Störung gibt es durch die Einschleppung von Erregern. Diese kommen durch Personen, Werkzeuge und vor allem durch Tiere in den Stall und breiten sich mitunter rasch aus. Handelt es sich dabei um Krankheitserreger, so sind die Folgen mitunter dramatisch – wie bei Mortellaro, aber auch bei virusbedingten Grippeerkrankungen usw. Kranke Tiere kosten Geld. Da die Rinderbestände stetig größer werden, können Infektionen Schäden nach sich ziehen, die die Existenz des Betriebes ernsthaft gefährden.

Ich möchte an dieser Stelle einige Hinweise geben, wie man das Risiko einer Krankheitseinschleppung reduzieren kann.

- Vermeiden Sie Besucher im Stall. Wenn betriebsfremde Personen Ihren Stall betreten müssen (Tierarzt, Kontrollassistent, Klauenpfleger, so bestehen Sie auf saubere Kleidung und Werkzeuge. Wenn kein betriebseigenes Schuhwerk oder Einmal-Überschuhe zur Verfügung stehen, so lassen Sie das Betreten des Stalles nur zu, nachdem die gereinigten Stiefel desinfiziert wurden. Ein Mörteltrog mit 15 cm Wasser, darin ein handelsübliches Desinfektionsmittel, erfüllt hervorragend seinen Zweck – nahezu alle Keime werden darin abgetötet.

- Scheuen Sie Sich nicht, von jedermann diese Vorgangsweise einzufordern, die eigentlich selbstverständlich sein sollte! Ihr Tierbestand ist wertvoll und muss geschützt werden. Sie kennen die Zusammenhänge und setzen sie zum Wohle Ihrer Tiere und Ihres Geldbeutels um.
- Der Zukauf von Tieren ist manchmal für die Bestandsergänzung notwendig. Während des Winterhalbjahrs besteht dabei immer ein relativ hohes Risiko Tiere zu kaufen, die Viren mitbringen. Entweder kommen sie aus Herden, die krank sind oder waren. Oft haben sie sich erst am Weg (Transportfahrzeug, Versteigerung ...) infiziert und werden einige Tage später krank. Ausgehend vom Neuankömmling erkrankt dann der Rest des Bestandes.
- Lassen Sie neu zugekaufte Tiere nach Möglichkeit nicht sofort in den Stall, sondern halten Sie diese für 2 Wochen separat. Verwenden Sie dabei andere Stiefel, Mistgabeln ... Innerhalb der genannten Zeitspanne kommen die meisten mitgebrachten Viruserkrankungen entweder zum Ausbruch oder das Tier ist und bleibt gesund. Danach kann es mit viel geringerem Risiko zu den eigenen Rindern gestellt werden.
- Was Bakterien in der Klauenregion betrifft, empfehle ich folgende Maßnahmen: Waschen Sie die Beine zuerst gründlich ab, sodass der gesamte eingetrocknete Dreck entfernt ist (Afterklauen, Zwischenklauenspalt). Danach besprühen Sie den Bereich mit Desinfektionsmittel (Obstbaumspritze). Wenn möglich beschneiden Sie die Klauen, um auch dort Bakteriennester auszuräumen (danach Klauenstand und Werkzeug desinfizieren!). Kontrollieren Sie die Haut in der Umgebung der Klauen bis hinauf zu den Afterklauen auf Anzeichen von der Mortellaro-Erkrankung (und lassen Sie Sich vom Besitzer schriftlich oder vor Zeugen bestätigen, dass der Herkunftsbestand Ihres neu gekauften Tieres frei von dieser Seuche ist)! Erst dann können Sie das Tier mit gutem Gewissen zu Ihrer Herde lassen. Bei DD ist nämlich eine 100%ige Sicherheit auch nach 4 Wochen Quarantäne und mehrfachem Fußbad in Antibiotikalösung nicht erreichbar.
- Almen und Gemeinschaftsweiden: Über die Sommermonate verbringen in bestimmten Gegenden Tiere aus sehr vielen unterschiedlichen Beständen die Weidesaison gemeinsam. Mit den Tieren werden auch Krankheitserreger auf die Weide gebracht und gegenseitig ausgetauscht. Im Unterfußbereich kann gutes Management eine Menge Ärger (Phlegmone) ersparen: Nach Vorreinigung der Unterfüße beim Ausladen aus dem Transportfahrzeug werden die Rinder durch ein Fußbad mit Formalinlösung (2–5%ig) getrieben, und erst nachdem die Füße getrocknet sind, lässt man die Tiere auf die Weide. Durch diese einfache Maßnahme kann man die Erkrankungsraten auf ein Minimum reduzieren.

Der neue Laufstall

Freude und Stolz sind zu recht groß, wenn der neue Stall endlich fertig ist. Die letzten Wochen vor der Übersiedlung waren arbeitsreich. Nach ein paar Wochen sieht die Sache dann oft schon ganz anders aus, wenn ein paar Kühe fehlen ... Notschlachtung. Solche und ähnliche Geschichten hört man leider häufig.

Deshalb möchte ich aus meinem Blickwinkel ein paar Hinweise geben, um die Phase der Übersiedlung und die darauffolgenden Wochen gut zu überstehen:

- Pflegen Sie die Klauen Ihrer Kühe 2 Monate vor der Übersiedlung in den neuen Stall. Lassen Sie die Sohle dabei einige Millimeter dicker, da der neue Boden stärkeren Abrieb verursacht. Sollten Sie allerdings darauf vergessen haben, so ist es meist besser, erst einige Wochen nach dem Stallwechsel die Klauen zu schneiden.
- Schaffen Sie den Kühen eine Möglichkeit, auf gewachsenem (Wiesen-) Boden eine Rangordnung herzustellen, bevor sie in den neuen Stall kommen. Bei den Raufereien setzen die Tiere zum Schieben die Klauenspitzen am Boden an, was auf neuem Beton/Gussasphalt zu enormem Abrieb führen würde.
- Bevor Sie die Kühe erstmalig auf die Lauffläche lassen, ziehen Sie Ihre Schuhe aus und gehen Sie barfuß ein paar Runden. Falls Ihre eigenen Fußsohlen danach noch in Ordnung sind, passt der Boden auch für die Kühe. Ansonsten ziehen Sie besser die Lauffläche mit einem Betonblock ab, um die feinen Grate abzuschleifen. Um feine Sandkörner zu entfernen, die zusammen mit dem Kot eine Art Schmirgelpaste

bilden, sollte man die Fläche mit dem Hochdruckreiniger waschen.

- Besonders neue Gussasphaltböden sind im Neuzustand abriebsintensiv. Oft wird nämlich anstatt rundkörnigem Sand gebrochener Quarzsand eingewalzt, der aufgrund der scharfen Kanten ziemlich aggressiv ist. Auch hier ist das Entfernen des losen Materials vor dem Einziehen nötig. In den meisten Fällen bessert sich die Intensität des Abriebs erst nach 1–2 Jahren deutlich.
- Passen Sie die Bewegungsfläche an die Tierzahl an (z. B. durch Spannen von Ketten), damit die Kühe in der Anfangsphase möglichst wenig Platz haben. Häufig ist der Neubau für erheblich mehr Tiere konzipiert und wird erst nach und nach voll. Zu viel Platz und Raufereien führen rasch zu durchgeschliffenen Sohlen an der Klauenspitze.
- Bei mechanischen Entmistungssystemen lässt sich die Abriebssituation durch Aufstreuen von Strohmehl, Strohhäcksel oder Sägespänen auf die Lauffläche gut entschärfen.
- Geben Sie den Kühen Zeit, sich an das neue System zu gewöhnen, und zeigen Sie Geduld und Ruhe. Auch dadurch kann man Bremsen, Beschleunigung und andere Fluchtbewegungen gering halten, die starken Sohlenabrieb verursachen.
- Vermeiden Sie einige Wochen um den Übersiedlungstermin Umstellungen in der Fütterung und sorgen Sie für guten Liegekomfort.
- Wenn die ersten Wochen gut überstanden sind, kehrt Normalität in das neue System ein. Die Hornbildung stellt sich auf den neuen Boden ein. Berücksichtigen Sie noch für einige Monate die Abriebsintensität des neuen Bodens: Pflegen Sie die Klauen häufiger, und nehmen Sie dabei weniger Horn ab als gewohnt.

Enthornung von erwachsenen Rindern

Enthornung von Kälbern

Enthornung

Die Hörner haben absolut nichts mit den Klauen zu tun. Da die Enthornung aber traditionellerweise im Klauenpflegebuch des Stocker-Verlages behandelt wird, werde ich darüber ein paar Worte schreiben.

Auch wenn es Gegnerschaft zu dieser Maßnahme gibt, die mit wissenschaftlich unhaltbaren Argumenten begründet wird („die Kühe können ohne Hörner nicht mehr ausreichend riechen und schmecken …"), halte ich die Enthornung für sinnvoll. Jeder, der mit behornten Kühen arbeitet, kennt die Risiken, die der Kopfschmuck mit sich bringt, und hat sie meist auch schon am eigenen Leib verspürt. Als Tierarzt hat man zudem auch des Öfteren mit Verletzungen zu tun, die sich die Rinder gegenseitig zufügen. Den kleinen Vorteil bei der Montage eines Stricks zum Anhängen kann man dabei durchaus vernachlässigen.

Enthornung von erwachsenen Rindern

Die Sedierung wirkt

Gerade vor der Übersiedlung in den Laufstall musste ich häufig ganze Bestände enthornen (bei Pallisadenfressgittern wäre dies übrigens nicht notwendig) – eine schweißtreibende Arbeit, die sich auf den Umfang der Oberarme ähnlich auswirkt wie der Besuch eines Fitnessstudios. Der beste Termin für diese Arbeit liegt in der kalten Jahreszeit, wo es keine Probleme durch Fliegen gibt, die in die eröffneten Stirnhöhlen kriechen. Während der „Fliegenzeit" muss man den Hornstumpf mit einem Verband verschließen.

Der korrekte Ablauf beginnt mit einer Sedierung (vulgo „Wurschtigkeitsspritze") des Tieres. Das Medikament führt manchmal zu Schwierigkeiten beim Schlucken, Speichelfluss und Störungen im Ablauf der

Erwachsene Rinder

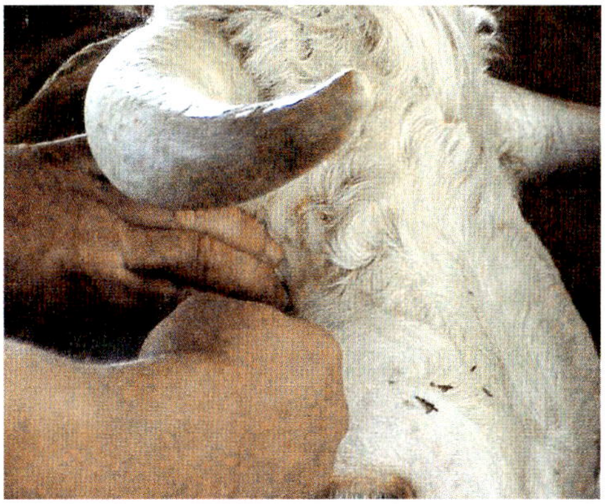

Lokalanästhesie

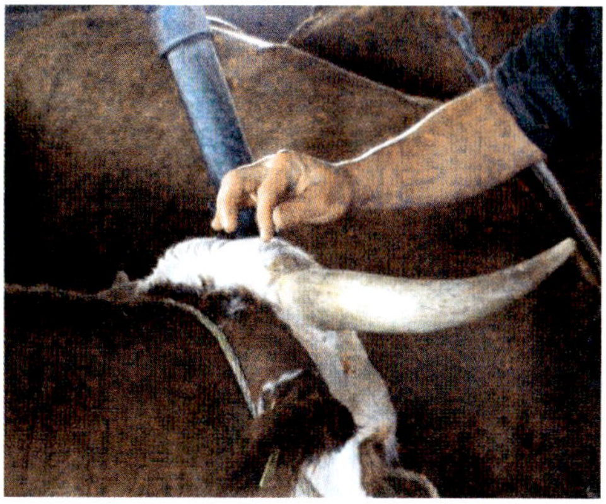

Prüfen der Wirkung der Lokalanästhesie mittels Injektionsnadel

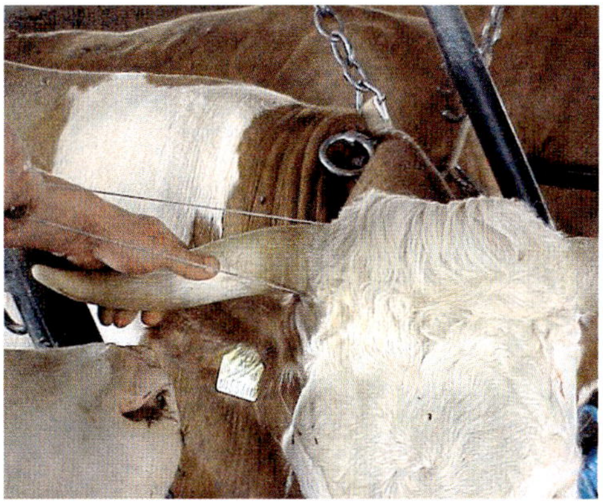

Ansetzen der Drahtsäge

Schnittführung

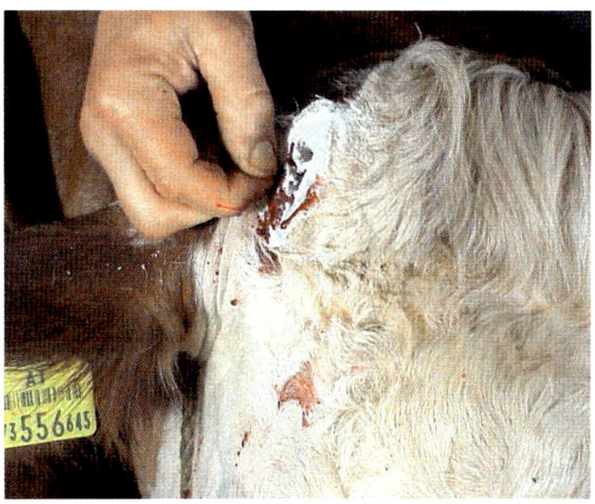

Blutstillung der Knochenarterien mit Zahnstocher

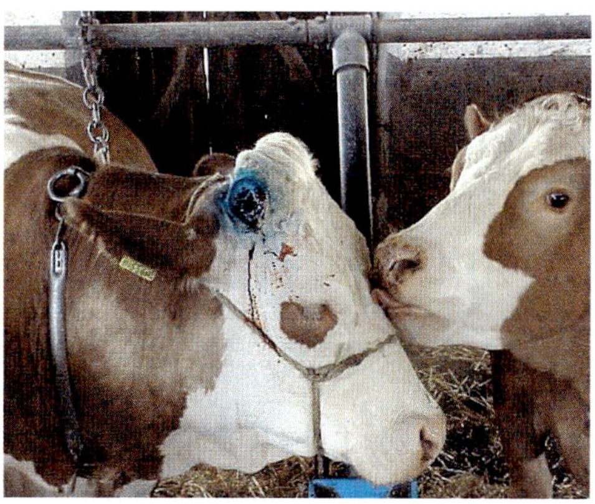

Antibiotikaspray auf die Wunde

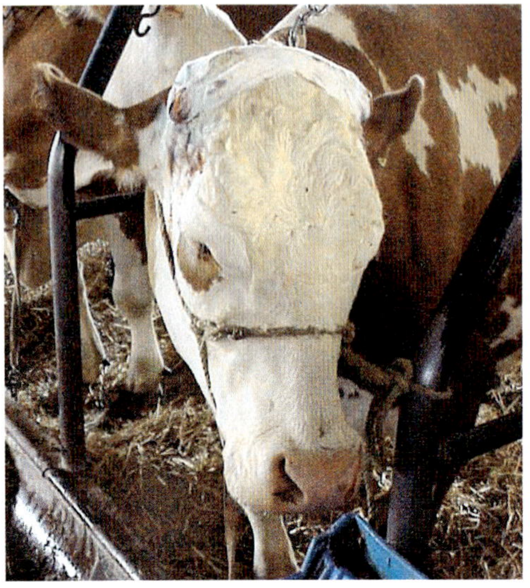

Verband in Achtertouren

Pansenbewegungen, die allesamt innerhalb einiger Stunden abklingen. Sicherheitshalber sollten die Tiere in dieser Zeit nicht gefüttert und getränkt werden. Je nach Medikament ist auch beim Einsatz an hochträchtige Tiere Vorsicht geboten.

Nach dem Einsetzen der Wirkung des Medikaments wird der Nerv für das Horn vereist, indem man etwa auf halber Höhe zwischen Auge und Hornansatz ein Lokalanästhetikum einspritzt. Bis dieses wirkt, entfernt man rund um den Hornansatz die Haare. Dann wird die Drahtsäge angesetzt und das Horn im gewünschten Winkel abgesägt – am besten mit gleichmäßigen und langen Zügen. Durch die Hitzeentwicklung beim Schneiden werden die meisten Blutungen gestillt. Die Blutstillung der wenigen (düsenartig spritzenden) Knochenarterien gelingt sehr gut, indem man drehrunde Zahnstocher in den Kanal im Knochen steckt – eine etwas rustikale, aber hocheffiziente Methode. Die Schnittfläche zeigt nun mehr oder weniger große Öffnungen in die Stirnhöhle, deren Fortsätze ins Horn reichen. Um das Eindringen von Fremdkörpern (Futterteile usw.) und Fliegen zu verhindern, verbindet man den Stumpf: Zur Infektionsvorbeuge eine Lage Antibiotikaspray, darauf ein passend gefaltetes Stück sauberes Euterpapier, danach eine Mullbinde, die rund um den Stumpf und in Achterschleifen zum Stumpf der Gegenseite gewickelt wird. Die Knochenhaut verschließt im Laufe einiger Wochen die Öffnungen, nach und nach überhornt dann auch der Stumpf. Es entsteht ein Stummelhorn, das minimal weiterwächst.

Komplikationen bei der beschriebenen Technik sind selten. Reizungen der Schleimhaut in den Stirnhöhlen führen manchmal zu etwas schleimigem Nasenausfluss (fallweise mit Blutbeimengungen, die beim Schneiden in die Stirnhöhlen spritzen), der normalerweise rasch verschwindet. Kommt es allerdings in den folgenden Tagen und Wochen zu eitrigem oder bräunlichem Ausfluss und frisst die Kuh zugleich schlecht, so muss der Tierarzt beigezogen werden. Die Therapie beinhaltet dann neben Einsatz von Antibiotika auch die Spülung der Stirn-, Nasen- und Kieferhöhlen.

Das Abschneiden der Hörner ohne entsprechende Schmerzausschaltung ist pure Tierquälerei!!! Von der Verwendung von Trennscheiben und anderen Geräten aus der Hauswerkstatt möchte ich dringend abraten.

Enthornung von Kälbern

Die beste und schonendste Möglichkeit für die Enthornung bietet sich bei Kälbern in den ersten Lebenswochen. Solange die so genannte Hornknospe noch beweglich in der Haut sitzt, kann sie leicht mit einem Brennstab entfernt werden. Die kleine Hautwunde heilt schnell ab. Das Ergebnis ist auch ästhetisch einwandfrei.

> Unabhängig von den Bestimmungen der geltenden Tierschutzgesetze bin ich der Meinung, dass Kälber jeden Alters ebenso unter Sedierung und Lokalanästhesie zu enthornen sind, da auch sehr junge Tiere über ein ausgeprägtes Schmerzempfinden verfügen!

Die Betäubung im Bereich der Wunde hält noch einige Zeit nach dem Brennen an. Dies verhindert das Herumkratzen an der frischen Brandwunde, das unter Umständen sonst zu lästigen Blutungen führt.

Sedierung und Lokalanästhesie entsprechen im Ablauf jener beim erwachsenen Rind. Danach wird der Bereich um die Hornknospe ausgeschoren. Ob der Brenner heiß genug ist, prüft man an einem Holzstück, wo er einen deutlichen schwarzen Brandring hinterlassen sollte. Ich steche dann mit dem heißen Brenner den Hornkern heraus und verbrenne anschließend noch den Boden des entstandenen Lochs. Zur Vorsicht gibt man im Anschluss eine Lage Antibiotikaspray auf die Wunde. Kommt es zu einer Nachblutung, so versucht man am besten die Blutstillung durch Brennen, da ein Druckverband am Kopf des Kalbes kaum zu fixieren ist. Sehr selten eitert die Wunde und muss lokal behandelt werden.

Spätestens nach ein paar Stunden sind die Kälber wieder auf den Beinen und saufen bei der nächsten Mahlzeit normal.

> Ohne Betäubung sind die Tiere oft geschockt und für lange Zeit kopfscheu.

Kälber

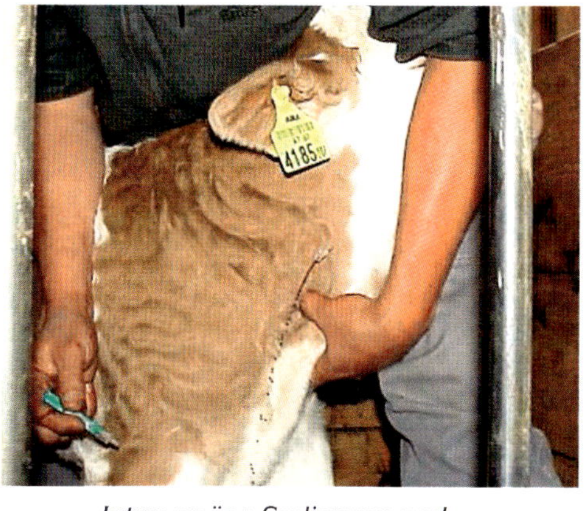

Intravenöse Sedierung und ...

... Lokalanästhesie sind zu empfehlen.

Kälber

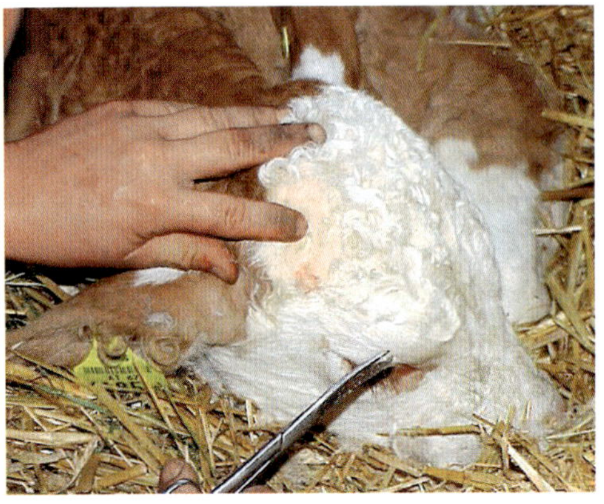

Scheren der Haare um die Hornknospe

Prüfen der Brenner-Temperatur

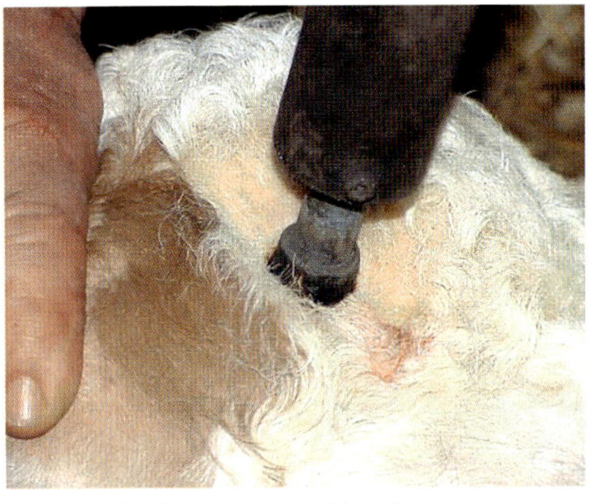

Ausbrennen der Hornknospe

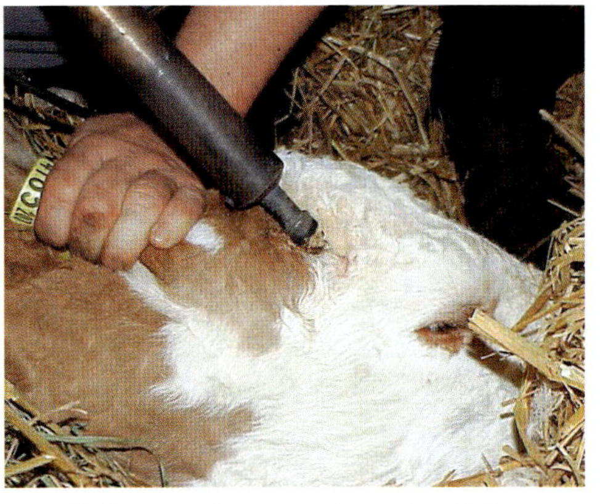

Entfernen des ausgebrannten Teiles

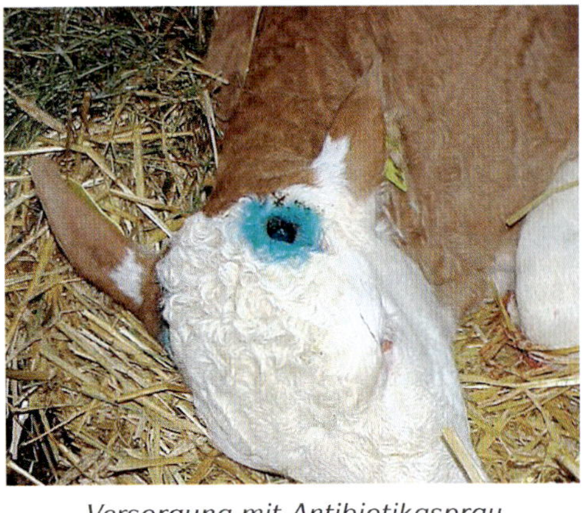

Versorgung mit Antibiotikaspray

Zusammenfassung

Tierauswahl zur Klauenpflege

- alle Tiere, die Lahmheit zeigen und beim Gehen und/oder Stehen den Rücken krümmen.
- alle Kühe und Kalbinnen etwa 6–8 Wochen vor dem Abkalbetermin.
- alle Kühe, bei denen der von Wirbelsäule und Zwischenklauenspalt eingeschlossene Winkel größer als 23° ist (Grafik Stufe 3); Kalbinnen sollten schon bei einem Winkel über 17° (Grafik Stufe 2 und 3) gepflegt werden!

Arbeitsschritte Funktionelle Klauenpflege

- Klauen reinigen und beurteilen (Reheklaue? Rollklaue? Defekte?)
- Kleinere Klaue Länge korrigieren (7,5–8 cm) – sichtbare Sohlenstärke mind. 0,5 cm – Trachtenhöhe erhalten.
- Größere Klaue gleich lang und gleich hoch schneiden, sodass beide Klauensohlen gemeinsam eine Ebene bilden, die im 90°-Winkel zur Achse des Unterfußes liegt.
- Zwischenklauenspalt freischneiden (Auswurf) und im Bereich unterhalb des Beugeknorrens Hohlkehlung schneiden (axiale Wand bleibt stehen!)
- Farbveränderungen (Bluteinlagerungen, Pigmentverlust) und Defekte großflächig (keilförmig) entlasten, Übergang ins gesunde Horn ausdünnen.
- Loses Horn im Ballenbereich so wegschneiden, dass keine Taschen stehenbleiben und glatte Flächen entstehen.
- Haut um die Klauen und im Zwischenklauenspalt kontrollieren.

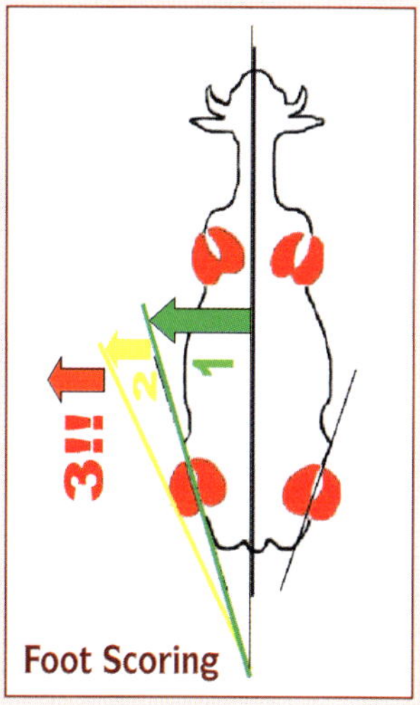

Kontaktadressen

Die beste Beschreibung einer handwerklichen Tätigkeit kann niemals eine praktische Schulung ersetzen. Daher empfehle ich Ihnen die Teilnahme an Klauenpflegekursen bei einer der unten angeführten Stellen.

Österreich

Verschiedene Institutionen bieten Lehrgänge und Kurse an:
Die erste Adresse für die Ausbildung von Landwirten ist sicher das Ländliche Fortbildungsinstitut LFI. Daher empfehle ich einen Blick in die aktuellen Kursprogramme im Internet unter http://www.lfi.at/. In der Regel liegen gedruckte Exemplare auch bei den Bezirksbauernkammern auf.
An der Veterinärmedizinischen Universität Wien findet jährlich im November ein 2wöchiger Kurs für Berufsklauenpfleger statt. Info & Anmeldung: Klinik für Orthopädie bei Huf- und Klauentieren, Veterinärmedizinische Universität Wien, Veterinärplatz 1, 1210 Wien, Tel: 01 25077 5501, Fax: 01 25077 5590 http://www.vu-wien.ac.at/
Schließlich gibt es noch die „Arbeitsgemeinschaft Österreichischer Klauenpfleger" (AÖK), die Fortbildungen und internationale kommissionelle Prüfungen organisiert. Im Internet lohnt sich ein Blick unter http://www.klauenpflege.at/

Bei weiterem Interesse stehe ich Ihnen für Anfragen gerne persönlich zur Verfügung:

Michael Hulek, Waxenberger Straße 50, 4181 Oberneukirchen; Fax: 07212 21152 oder Email: hulekvet@aon.at

Deutschland

Hier sind einige Lehranstalten in der Klauenpflege-Ausbildung aktiv. Sie bekommen sicher dort die gewünschten Informationen.

Lehr- und Versuchsgut der Universität München
St. Hubertusstr. 12 — Tel. 089 2180 76056
85764 Oberschleißheim — Fax 089 2180 76041
Email: stefan.nueske@lmu.de

Lehr-, Versuchs- und Fachzentrum für Milchvieh- und Rinderhaltung Achselschwang
Achselschwang 1 — Tel. (0 88 06) 92 03-0
86919 Utting a. Ammersee — Fax (0 88 06) 92 03 33
Email: LVFZ-Achselschwang@LfL.bayern.de

Lehr- und Versuchsanstalt für Tierhaltung der Landwirtschaftskammer Hannover
Zur Bleeke 6 — Tel. 04139/698-0
D - 21379 Echem — Fax 04139/698-100
Email: lva.echem@lawikhan.de — http://www.lva-echem.de/

Staatliche Lehr- und Versuchsanstalt für Viehhaltung und Grünlandwirtschaft (LVVG)
Atzenberger Weg 99 — Telefon: 07525 / 942 - 300
88326 Aulendorf — Telefax: 07525 / 942 - 333
Email: Poststelle@LVVG.BWL.DE

Den **Verein geprüfter Klauenpfleger** (VgK e.V.) finden Sie mit allen Informtionen im Internet unter http://www.vgk-ev.de/

Schweiz

In der Schweiz gibt es die **Schweizer Klauenpfleger-Vereinigung (SKV)**, die Ihnen bei Interesse Informationen über Kurse gibt:

Geschäftsstelle skv aspo
c/o Ruth Röthlisberger-Wyss
Mättmey 1 — Tel. 032 665 31 27
3427 Utzenstorf BE — Fax 032 665 71 08
Email: info@klauenpflege.ch — http://www.klauenpflege.ch/

Niederlande

Da hier die die Wiege der Funktionellen Klauenpflege liegt, die international auch „Dutch Method“ (Holländische Methode) genannt wird, möchte ich auch die Freunde in Friesland hier anführen:

PTC + Oenkerk

Sanjesreed 4
9062 EK Oenkerk
Postbus 85
9062 ZJ Oenkerk

Tel. 058-2543700
Fax 058-2543701
Email: oenkerk@ptcplus.com
http://www.ptcplus.com/